21 世纪应用型高等院校示范性实验教材

材料力学实验简明教程

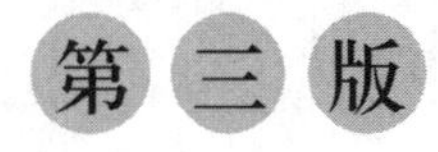

主 编 蔡中兵 佘 斌

扫码加入学习圈 轻松解决重难点

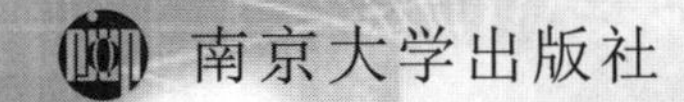

图书在版编目(CIP)数据

材料力学实验简明教程 / 蔡中兵，佘斌主编. —3版. —南京：南京大学出版社，2021.9(2024.7 重印)
ISBN 978-7-305-24678-4

Ⅰ. ①材… Ⅱ. ①蔡… ②佘… Ⅲ. ①材料力学—实验—高等学校—教材 Ⅳ. ①TB301—33

中国版本图书馆 CIP 数据核字(2021)第 130345 号

出版发行　南京大学出版社
社　　址　南京市汉口路 22 号　　　邮　　编　21009

书　　名　材料力学实验简明教程
CAILIAO LIXUE SHIYAN JIANMING JIAOCHENG
主　　编　蔡中兵　佘　斌
责任编辑　吴　华　　　　　编辑热线　025-83596997
照　　排　南京开卷文化传媒有限公司
印　　刷　丹阳兴华印务有限公司
开　　本　787×1092　1/16　印张 4.25　字数 103 千
版　　次　2021 年 9 月第 3 版　　2024 年 7 月第 3 次印刷
ISBN　978-7-305-24678-4
定　　价　18.00 元(含实验报告)

网　　址：http://www.njupco.com
官方微博：http://weibo.com/njupco
官方微信号：njuyuexue
销售咨询热线：(025)83594756

☞ 扫码教师可免费获取教学资源

内容提要

本书是根据教育部高等学校力学教学指导委员会力学基础课程教学指导分委员会编制的《理工科非力学专业力学基础课程教学基本要求(试行)(2012年版)》中“材料力学课程教学基本要求(B类)”中的实验教学基本要求编写的，适用于高等院校工科各专业的材料力学、工程力学和建筑力学课程的实验教学，也可供成人教育学院、民办独立学院、自学者以及工程技术人员参考。

本书由绪论、实验指导、附录和实验报告四部分组成。

绪论部分包括材料力学课程实验的作用与任务、材料力学课程实验的基础知识和材料力学课程实验教学项目及其教学要求。

基本实验指导部分包括拉伸实验、压缩实验、扭转实验、矩形截面梁纯弯曲正应力测量实验、薄壁圆筒弯扭组合变形时主应力测量实验、同心拉杆弹性模量测量实验、偏心拉杆内力分量和偏心距测量实验以及槽型截面梁弯曲中心及应力测量设计性实验等八个实验指导。

附录部分包括微机控制电子式万能试验机、TNS-J02型数显式扭转试验机、DHMMT多功能力学实验装置和DH3818Y静态应变测试仪等设备的介绍和使用说明。

实验报告单独成册，包括七个基本实验的实验报告。

学生实验须知

1. 进实验室前应认真预习，必须了解实验内容、目的、原理和步骤以及仪器设备的主要工作原理。

2. 按实验课表指定时间准时进入实验室，不得迟到、早退。实验过程中不得擅自离开实验室。

3. 进入实验室后，必须保持实验室内的整洁和安静。

4. 非指定使用的仪器设备不得擅自动手。对实验中使用的仪器设备在尚未了解其使用方法之前不要使用，以免发生事故。

5. 实验过程中，若未按操作规程操作仪器设备导致损坏者，将按学校有关规定进行处理。

6. 在实验中，同组同学要相互配合，认真测量和记录实验数据。

7. 实验完毕，应将仪器、工具等物品恢复原状，并做好清洁工作。如仪器设备有损坏情况，应及时向指导教师报告。

8. 实验数据必须经过指导教师认可后方能结束实验。

9. 实验过程中如有严重违反实验规则者，指导教师有权中止其实验，该实验以零分记，并报学校另行处理。

10. 实验报告要求内容齐全、字迹工整、绘图清晰、结果正确。

前　言

材料力学实验是为了培养工程技术人员必须具备的实验知识和测量技能，是为从事强度测量工作提供必要的基础。

根据材料力学、工程力学和建筑力学课程实验教学大纲的要求，并结合我校材料力学实验室的实际情况，我们编写了此实验教材，并附实验报告。本书是根据教育部高等学校力学教学指导委员会力学基础课程教学指导分委员会编制的《理工科非力学专业力学基础课程教学基本要求（试行）（2012 年版）》“材料力学课程教学基本要求（B 类）”中的实验教学基本要求编写的，适用于工科各专业的材料力学、工程力学和建筑力学课程的课程实验教学。

本书由佘斌编写绪论、实验 1、实验 2、实验 3、实验 4、实验 5、实验 8、附录 1 和附录 2，蔡中兵编写实验 6、实验 7、附录 3 和附录 4。第 3 版由蔡中兵、佘斌修订，由佘斌统稿，实验视频由蔡中兵制作，孔海陵、王路珍、刘根林、严育兵、郭磊和顾国庆等老师审阅了全部书稿，提出了许多宝贵意见，在此向他们表示由衷的感谢。在编写过程中，编者查阅了大量的参考文献，还参考了一些仪器设备的使用说明书，谨向这些文献的作者表示衷心的感谢。

本书自 2012 年 7 月第 1 版、2016 年 11 月第 2 版出版以来，经过了八年的使用，收到了良好的效果，同时也发现了不少问题。由于部分设备的更新，这次修订做了适当的修改和替换。

第 3 版做了如下变动：删除了与液压式万能试验机有关的内容，删除了薄壁圆筒弯扭组合变形时内力分量测量实验和等强度梁桥路变换接线实验两个实验，增加了同心拉杆弹性模量测量实验及偏心拉杆内力分量和偏心距测量实验两个实验，并根据新的设备改写了矩形截面梁纯弯曲正应力测量实验和薄壁圆筒弯扭组合变形时主应力测量实验。

由于编者水平的限制，书中可能出现错误和不足之处，欢迎广大师生提出宝贵意见。

编　者

2021 年 6 月

目　录

第一部分　绪　　论

一、材料力学课程实验的作用与任务

材料力学实验是材料力学课程教学中的一个重要环节。材料力学理论的验证、强度计算中材料极限应力的测量，无不以严格的实验为基础。当然，实验课题的提出、实验方案的设计和实验结果的分析也必须应用已有的理论。事实表明，材料力学是在实验和理论两方面相互推动下发展起来的一门学科。因此，实验和理论同样重要，不可偏于一方。

材料力学实验的任务，大致可归纳为以下三个方面：

1. 测量材料的力学性能

材料的力学性能是强度计算和评定材料性能的主要依据。通过材料力学实验，培养学生按操作规程测量专项实验数据的能力。

2. 验证材料力学理论的正确性

根据理论和实践相统一的原则，建立理论必须以实验为基础。由实际构件抽象为理想模型，再经过假设、推导所建立的理论，还必须通过实验来验证其正确性。

3. 实验应力分析

实验应力分析是用实验方法测量构件中的应力和应变的学科，是解决工程强度问题的另一有效的途径。用实验应力分析方法获得的结果，不但直接，而且可靠，已成为寻求最佳方案、合理使用材料、挖掘现有设备潜力以及验证和发展理论的有力工具。这类实验往往应用新的科学技术，使用先进的科学仪器，可以解决理论计算难以解决的问题。

二、材料力学课程实验的基础知识

在常温、静载条件下，材料力学实验所涉及的物理量并不多，主要是测量作用在试件上的载荷和试件的变形。载荷一般要求较大，由几十千牛到几百千牛，故加力设备较大；而变形则很小，绝对变形可以小到千分之一毫米，相对变形(应变)可以小到 10^{-5}～10^{-6}，因而变形测量仪器必须精密。

为了保证实验能有效地进行，使各个实验项目都能贯彻其教学要求，获得较好的教学效果，实验人员应积极认真地做好实验中的各个环节。完整的实验过程，通常可分为实验前的准备、进行实验和书写实验报告三个环节。

1. 实验前的准备

实验前的准备工作，是顺利进行实验的保证。

围绕实验的内容一般有如下要求：

(1) 明确实验的目的和要求。

(2) 弄懂实验原理。

（3）了解试验机和仪器的操作规程和注意事项。

（4）掌握实验步骤。

（5）做好人员分工。

2. 进行实验

（1）进行实验是实验过程的中心环节。进入实验室后必须遵守实验室规则。各组分别清点人数，汇报实验前的准备工作。

（2）按照分工，各就各位。仔细看清教师的示范讲解，记住操作要领和注意事项，将试验机和测试仪器调整到待机工作状态。

（3）观察试验机、仪器运行是否正常。熟悉加载、测读和记录人员之间的协调配合。经指导教师同意，正式进行实验。

（4）实验数据。实验数据的误差应在规定范围内，否则重做。实验数据必须经过指导教师审阅，并在记录纸上签字，作为书写实验报告的依据。检查数据是否齐全，不要遗漏。

（5）结束工作。清理实验设备，将一切恢复原位，使用的仪器、量具及用具都应放置原处，养成善始善终的习惯，在指导教师的允许下方可离开实验室。

3. 书写实验报告

实验报告是以书面形式汇报整个实验成果，是实验资料的总结，也是评定实验成绩的重要依据。

实验报告需要记载清楚，数据完整，计算无误，满足精度，结论明确，文字简练、确切，字迹工整、整洁，绘图应符合要求等。

三、材料力学课程实验教学项目及其教学要求

序号	实验项目名称	学时	教学目标、要求
1	拉伸实验	2	测量低碳钢和铸铁的拉伸力学性能，熟悉万能试验机的使用方法。
2	压缩实验	1	测量铸铁的压缩力学性能，比较铸铁拉伸和压缩强度。
3	扭转实验	1	测量低碳钢和铸铁的扭转力学性能，熟悉扭转试验机的使用方法。
4	矩形截面梁纯弯曲正应力测量实验	2	测量矩形截面梁纯弯曲时的正应力，熟悉应变仪的使用方法。
5	薄壁圆筒弯扭组合变形时主应力测量实验	2	测量薄壁圆筒弯扭组合变形时的主应力，了解主应力测量的方法。
6	同心拉杆弹性模量测量实验	2	测量同心拉杆的弹性模量，了解弹性模量的测量方法。
7	偏心拉杆内力分量和偏心距测量实验	2	测量偏心拉杆的内力分量和偏心距，了解内力分量和偏心距的测量方法。
8	槽型截面梁弯曲中心及应力测量设计性实验	4	根据槽型截面梁上已粘贴的应变片对其进行测量，自行设计实验方案，根据实验方案确定组桥和加载方式等。
合　　计		16	

第二部分　实验指导

实验1　拉伸实验

【实验目的】

1. 测量低碳钢拉伸时的屈服极限 σ_s、强度极限 σ_b、延伸率 δ 和断面收缩率 ψ。
2. 测量铸铁拉伸时的强度极限 σ_b，并绘制铸铁试件的拉伸曲线。
3. 观察低碳钢试件在拉伸过程中的各种现象（包括屈服、强化和颈缩等），并绘制拉伸曲线。
4. 观察并比较低碳钢和铸铁在拉伸时的变形和破坏现象。

【实验仪器设备】

1. 万能试验机。微机控制电子式万能试验机，型号：WDW－100D或E。（见附录1）
2. 游标卡尺，精度：0.02 mm。
3. 钢尺，精度：1 mm。
4. 画线笔。

【实验原理与方法】

材料拉伸时的力学性能指标 σ_s、σ_b、δ 和 ψ 可按下列公式计算：

屈服极限　$\sigma_s=\dfrac{F_s}{A_0}$（单位：MPa）

强度极限　$\sigma_b=\dfrac{F_b}{A_0}$（单位：MPa）

延伸率　$\delta=\dfrac{l_1-l_0}{l_0}\times100\%$

断面收缩率　$\psi=\dfrac{A_0-A_1}{A_0}\times100\%$

式中：F_s 表示屈服载荷（荷载），F_b 表示最大载荷（荷载），A_0 表示试件的平均横截面面积，l_0 表示拉伸前的初始标距，l_1 表示拉断后标距段的长度，A_1 表示断口的最小横截面面积。

【实验步骤及注意事项】

1. 注意事项

(1) 实验过程中,所有实验人员应在万能试验机的正面观察实验,不得随意到试验机的背面去。

(2) 实验过程中,出现异常现象时,应立刻停机(按一下红色蘑菇键)。

(3) 实验开始后中途不得停止。

2. 试件准备

试件的尺寸和形状对测试结果会有影响。为避免这种影响,使各种材料的力学性能可以相互比较,测量时应采用统一的试件尺寸与形状,即采用标准试件(或比例试件)。

国家标准中有几种标准试件规定,本实验中低碳钢与铸铁都采用实心圆截面长试件(因 $l_0=10d_0$,故也称 10 倍试件),试件中段用于分析拉伸变形的杆段称为“标距”,其初始长度(初始标距)用 l_0 表示,试件初始直径用 d_0 表示。(如图 1-1)

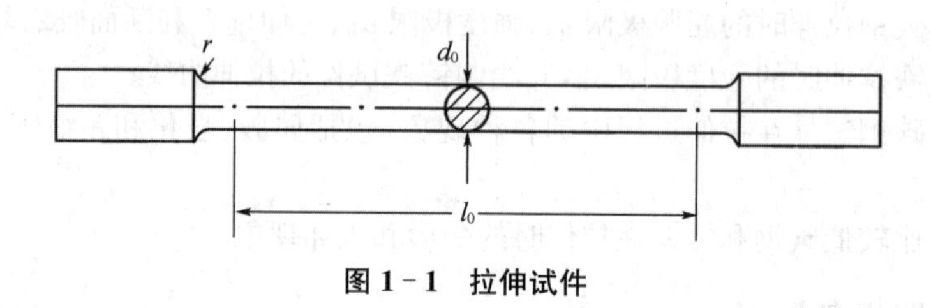

图 1-1　拉伸试件

3. 低碳钢试件拉伸实验

(1) 试件初始尺寸测量。

平均直径 d_0:用游标卡尺在试件有效部分中部及接近端部的三个截面处分别测量,每处在相互垂直的两个方向各测量一次,计算每处的平均直径,将三个平均直径再取平均值作为平均直径 d_0,用其计算平均横截面面积 A_0。

初始标距 l_0:用画线笔先在试件中部平行于轴线画一条直线,再在试件中段表面沿此直线每隔 10 mm 作记号线,将 l_0 分为 10 小格,以便分析拉伸后的变形分布情况,用游标卡尺的内刀刃测量 10 个格子的总长度作为 l_0。(铸铁试件不需要画线,也不需要测量 l_0)

(2) 试验机准备。

接通电源,打开显示器与计算机,使计算机进入 Windows 7 操作系统,启动 SmartTest 电子式万能试验机测控软件;打开试验机电源开关,按下试验机的启动按钮,预热试验机 30 分钟;在软件中选择试验方法,再按下测控软件中的试验力调零按钮进行试验机的试验力调零;打开软件中的数据板,输入相应的数据。

(3) 安装试件。

转动上夹头的开合手柄,将试件先夹在上夹头内,再调节下夹头到适当位置,把试件下端夹住。注意:安装试件时,应将试件大头部分全部放入夹头内。上、下夹头都夹住试件时,禁止再调节下夹头的位置。试件夹住就行,不必夹得过紧,因为拉伸时夹头本身是越拉越紧的,过分用力夹紧可能会导致夹头销钉断裂。

(4) 试件加载。

先用 2 mm/min 的慢速加载(试验开始前,一定要检查速度挡是否在 2 mm/min 挡,如果不是,一定要选择 2 mm/min 的速度挡),使试件缓慢而均匀地拉伸。当实验曲线出现波动时,表明材料此时发生屈服,过了屈服阶段后,可将速度缓慢调至 5 mm/min(可使用速度调节滑块,将滑块从最左边缓慢拖至最右边,不可直接点 5 mm/min 挡位),试件拉断后试验机一般会自动停机,并弹出数据板;也可能不自动停机,这时需要人工停机,同时自动弹出数据板。电子式万能试验机实验时会自动记录数据,可在数据板上读出相关数据。

(5) 试件断后尺寸测量(铸铁试件没有这一步)。

取回拉断后的两段试件,测量断后标距 l_1 和断口处直径 d_1。

① l_1 的确定。

由于各处残余变形不均匀,愈接近断口处,变形愈显著,因此,按下述方法确定 l_1。

a. 直接法(图 1-2):如果断口在标距的中部区段内(10 格中的中部 4 格区域),则直接测量断后标距两端的长度作为 l_1。

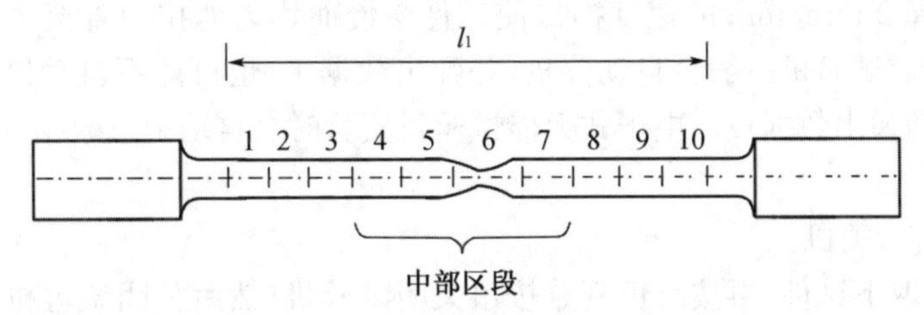

图 1-2　直接法测量断后标距

测量方法:一人用双手拿住试件的两段,在断口处紧密对齐,使两段试件的轴线位于同一直线上,另一人用游标卡尺的内刀刃进行测量。

b. 移中法(如图 1-3):如果断口在标距的中部区段之外(10 格中的两端 3 格区域),需将断口修正至中间位置后测量。

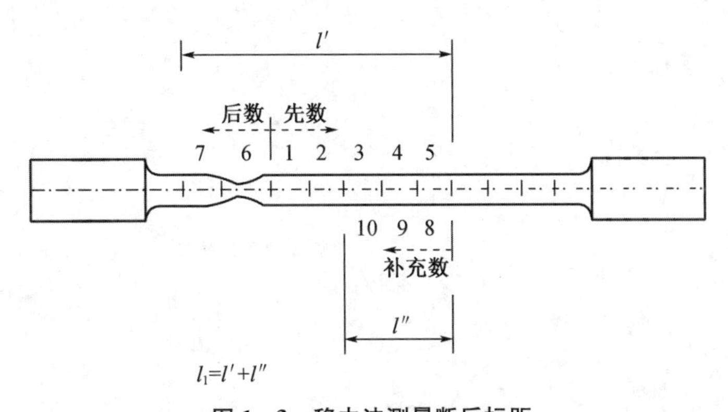

图 1-3　移中法测量断后标距

测量方法:从较长一段试件邻近断口的记号线起,先向远离断口方向数 5 格,作为第 1 格～第 5 格,然后将断口所处的一格作为第 6 格,继续反向数完较短一段试件的格子,如数得的格子数不足 10 格,则由刚才数到的第 5 格往断口方向数(含第 5 格),补充数到第 10 格。将这 10 格的长度作为 l_1。

② d_1 的测量。

一人用双手拿住试件的两段，在断口处紧密对齐，使两段试件的轴线位于同一直线上，另一人用游标卡尺在断口处互相垂直的两个方位各测一次直径，取其平均值作为 d_1，用其计算断口处最小横截面面积 A_1。

4. 铸铁试件拉伸实验

(1) 试件初始尺寸测量。

测量 d_0：方法同低碳钢试件拉伸实验。

(2) 试验机准备。

同低碳钢试件拉伸实验。

(3) 安装试件。

同低碳钢试件拉伸实验。

(4) 试件加载。

用 2 mm/min 的慢速加载(实验开始前，一定要检查速度挡是否在 2 mm/min 挡，如果不是，一定要选择 2 mm/min 的速度挡)，使试件缓慢而均匀地拉伸直至试件拉断(中途不调速)，试件拉断后试验机一般会自动停机，并弹出数据板；也可能不自动停机，这时需要人工停机，同时自动弹出数据板。电子式万能试验机实验时会自动记录数据，可在数据板上读出相关数据。

(5) 取下试件，关机。

从试验机中取下试件，再按红色蘑菇按钮关闭试验机，然后关闭试验机电源，最后关闭测控软件。

5. 仪器设备整理

整理好游标卡尺、钢尺、画线笔等。

☞ 扫码可见本实验视频

实验2　压缩实验

【实验目的】

1. 测量铸铁的抗压强度 σ_b。
2. 观察铸铁试件压缩破坏现象，并绘制铸铁试件的压缩曲线。

【实验仪器设备】

1. 万能试验机。微机控制电子式万能试验机，型号：WDW－100D或E。（见附录1）
2. 游标卡尺，精度：0.02 mm。

【实验原理与方法】

材料压缩时的力学性能指标 σ_b 可按以下公式计算：

抗压强度　$$\sigma_b=\frac{F_b}{A_0}\text{（单位：MPa）}$$

式中：F_b 表示最大载荷（荷载），A_0 表示试件的平均横截面面积。

【实验步骤及注意事项】

1. 注意事项

（1）实验过程中，所有实验人员应在万能试验机的正面观察实验，不得随意到试验机的背面去。

（2）实验过程中，出现异常现象时，应立刻停机（按一下红色蘑菇按钮）。

2. 试件准备

本实验采用圆柱形试件，其初始高度 h 与初始直径 d_0 的比值在1.5～3之间（如图2－1）。

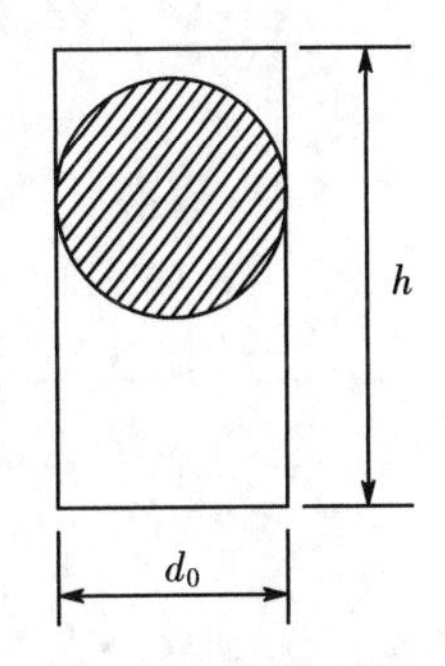

图2－1　压缩试件

3. 试件初始尺寸测量

（1）平均直径 d_0：用游标卡尺在试件的两个截面处分别测量，每处在相互垂直的两个方位各测量一次，计算每处的平均直径，再计算两个平均值的平均值作为平均直径 d_0，用其计算平均横截面面积 A_0。

（2）初始高度 h：用游标卡尺测量初始高度 h。

4. 试验机准备

接通电源，打开显示器与计算机，使计算机进入Windows 7操作系统，启动SmartTest电子万能试验机测控软件；打开试验机电源开关，按下启动按钮，预热试验机30分钟；在软件中选择试验方法，再按下测控软件中的试验力调零按钮进行试验机的试验力调零；打开软件中的数据板，输入相应的数据。

5. 安装试件

将试件两端面涂上润滑剂，放在下垫块(上、下垫块须对齐)的中心。

6. 试件加载

当上垫块距离试件较远时，可先用 100 mm/min 的速度移动横梁[使用时应先选 10 mm/min的速度移动横梁，再逐步提高运行速度直至 100 mm/min(超过 100 mm/min 的速度严禁使用)]，使上垫块接近试件，停机后再选择 5～10 mm/min 的低速，使上垫块慢慢靠近试件，最后选择 1 或 2 mm/min 的速度开始压缩实验(实验过程中不调速)。试件先被压缩成鼓形，最后破裂。试件完全破裂后，试验机一般会自动停机，并弹出数据板；也可能不自动停机，这时需要人工停机，同时自动弹出数据板。电子式万能试验机实验时会自动记录数据，可在数据板上读出相关数据。

7. 仪器设备整理

(1) 整理好游标卡尺。

(2) 取下试件碎片，观察破坏现象，并将上、下垫块用抽纸擦拭干净。

(3) 关机(先按红色蘑菇按钮关闭试验机，再关闭试验电源，最后关闭测控软件)。

扫码可见
本实验视频

实验 3　扭转实验

【实验目的】

1. 测量低碳钢的剪切强度极限 τ_b。
2. 测量铸铁的剪切强度极限 τ_b。

【实验仪器设备】

1. TNS－J02 型数显式扭转试验机(见附录 2)。
2. 游标卡尺,精度:0.02 mm。

【实验原理与方法】

金属材料的扭转力学性能,对于承受扭转载荷的构件,具有重要的意义。金属材料的扭转力学性能可通过扭转实验来测量。扭转试件(如图 3－1)一般都制成圆柱形,其标距部分的直径 $d_0=10\pm0.1$ mm,标距 $l_0=100$ mm 或 $l_0=50$ mm。

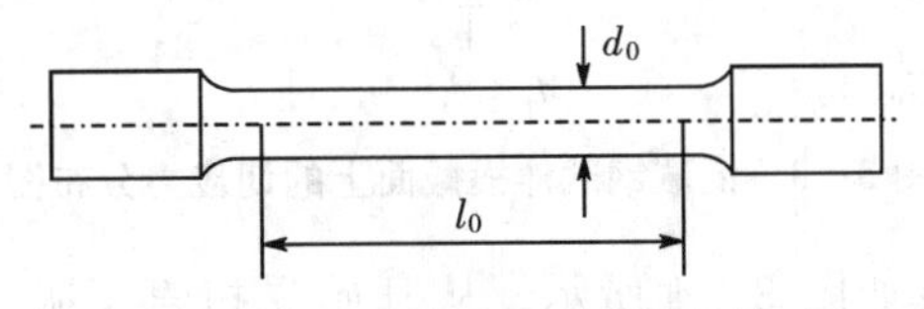

图 3－1　实心圆截面扭转试件

根据扭转变形的特点,需要扭转试验机提供使圆柱形试件各截面只绕轴线产生转动扭矩的力偶。一般扭转试验机都有被动夹头和能旋转加载的主动夹头,扭转试件装夹于两夹头座中,并使夹头的轴线和试件的轴线重合,这样作用在试件两端的是等值、反向、作用面垂直于轴线的两个力偶,强迫试件产生扭转变形。

低碳钢试件的扭转曲线如图 3－2 所示,开始扭转时曲线呈直线,直线的最高点对应 M_p,当扭矩达到一定数值时,试件横截面边缘处的切应力开始达到剪切屈服极限 τ_s,这时的扭矩为 M_s,横截面上的应力分布不再是线性的,在圆杆横截面的外边缘处,材料发生屈服,成环形塑性区,同时扭转图变成曲线。此后,随着试件继续扭转变形,塑性区不断向圆心扩展,扭转曲线稍微上升,直至 B 点趋于平坦。B 点所对应的扭矩即是屈服扭矩 M_s。这时塑性区占据了几乎全部截面。

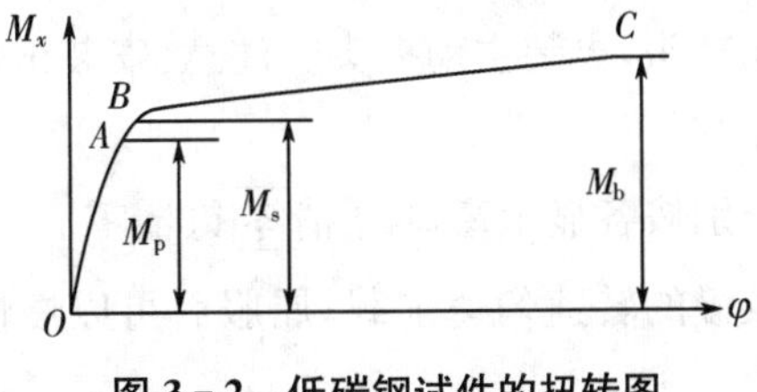

图 3－2　低碳钢试件的扭转图

低碳钢试件的剪切屈服极限近似为

$$\tau_{s}=\frac{3}{4}\frac{M_{s}}{W_{p}}$$

式中:$W_{p}=\frac{\pi d^{3}}{16}$,是试件的扭转截面系数。

试件再继续变形,材料进一步强化,达到扭转曲线的 C 点,试件产生断裂,此时对应的最大扭矩为 M_{b}。

低碳钢试件的剪切强度极限近似为

$$\tau_{b}=\frac{3}{4}\frac{M_{b}}{W_{p}}$$

低碳钢圆截面杆在不同扭矩下切应力分布如图 3 - 3 所示。

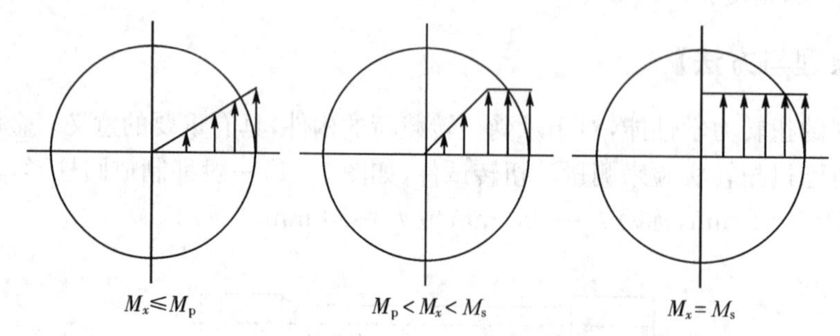

图 3 - 3　低碳钢试件横截面上的切应力分布图

铸铁试件的扭转曲线如图 3 - 4 所示。从开始受扭直至破坏,近似为直线,故近似按弹性应力公式计算。

$$\tau_{b}=\frac{M_{b}}{W_{p}}$$

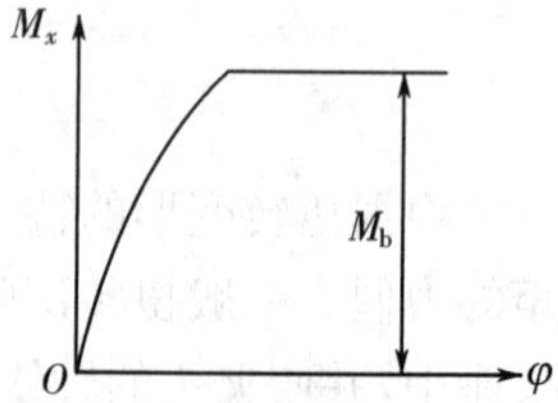

图 3 - 4　铸铁试件的扭转图

【实验步骤】

1. 低碳钢试件扭转破坏实验

(1) 用游标卡尺测量试件平均直径 d_{0}。

测量方法:用游标卡尺在试件中部及接近端部的三个截面处分别测量,每处在相互垂直的两个方向各测量一次,计算每处的平均直径,再取平均值作为平均直径 d_{0}。

(2) 用粉笔在试件表面沿轴向画一条直线,以便观察扭转变形情况。

(3) 打开扭转机电源,预热 30 分钟。

(4) 安装试件:先装被动夹头,再装主动夹头。注意:安装试件时,应将试件大头部分全部放入夹头内。

(5) 按 总清 键清零或分别按各显示窗口的 清零 键清零。

(6) 开始实验:开始用较慢的转速匀速加载,屈服后可以慢慢加速到较快的转速,匀速加载直至破坏,停止加载。

(7) 取下试件观察变形和破坏现象。

(8) 按[峰值]键读出试验结果。

2. 铸铁试件扭转破坏实验

(1) 用游标卡尺测量试件直径 d_0。测量方法同低碳钢试件扭转实验。

(2) 安装试件:先装被动夹头,再装主动夹头。安装试件时,应将试件大头部分全部放入夹头内。

(3) 按[总清]键清零或分别按各显示窗口的[清零]键清零。

(4) 开始实验:用较慢的转速匀速加载,直至破坏,停止加载。

(5) 取下试件观察破坏现象。

(6) 按[峰值]键读出试验结果。

(7) 关闭扭转机电源。

实验 4　矩形截面梁纯弯曲正应力测量实验

扫码可见
本实验视频

【实验目的】

1. 用电测法测量梁在纯弯曲时某一横截面沿高度的正应力分布规律。
2. 验证梁纯弯曲时的正应力计算公式。

【实验仪器设备】

1. DHMMT 多功能力学实验教学装置(见附录 3)。
2. DH3818Y 静态应变测试仪(见附录 4)。
3. 纯弯曲实验梁(如图 4-1),纯弯梁的受力和贴片示意图如图 4-2 所示。

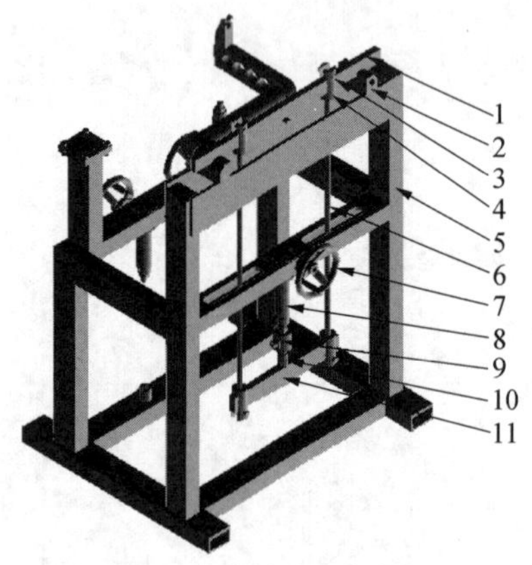

图 4-1　纯弯梁实验安装图

1—纯弯梁;2—支座;3—销子;4—加力杆接头;5—台架主体;6—加力杆;7—手轮;8—蜗杆升降机构;9—拉压力传感器;10—压头;11—加载下梁。

图 4-2　矩形截面梁的受力和贴片示意图

4. 温度补偿块一块。

【实验原理与方法】

弯曲梁的材料为 45＃钢,其弹性模量 $E=206$ GPa。用手转动实验装置上的加力手轮,使梁产生四点弯曲,则梁的中间段承受纯弯曲。根据平面假设和纵向纤维间无挤压的假设,可得到纯弯曲正应力计算公式为:

$$\sigma=\frac{M}{I_z}y$$

式中:M 为弯矩;I_z 为横截面对中性轴的惯性矩;y 为所求应力点至中性轴的距离。由上式可知,沿横截面高度正应力按线性规律变化。

实验时采用螺旋推进的机械加载方法,可以连续加载,载荷大小由带拉压传感器的电阻应变仪读出。当增加压力 ΔF 时，梁的四个受力点处分别增加作用力 $\Delta F/2$，如图 4-2 所示。

为了测量梁纯弯曲时横截面上正应力分布规律，在梁纯弯曲段某截面的侧面沿轴线方向布置了 5 片应变片(如图 4-2)，应变片的电阻 $R=120\ \Omega$，灵敏系数 $K=2.00$，梁横截面宽度 $b=20$ mm，高度 $h=40$ mm，梁支座到上压力作用点的距离 $a=100$ mm。

如果测得纯弯曲梁在纯弯曲时沿横截面高度各点的轴向应变，则由单向应力状态的胡克定律 $\sigma=E\varepsilon$，可求出各点处的应力实验值，得到正应力分布规律。将应力实验值与应力理论值进行比较，以验证弯曲正应力公式。

【实验步骤及注意事项】

1. 注意事项

(1) 实验过程中应保证加载杆始终处于铅垂状态，并且整个加载机构关于中心对称、保持水平，V 型槽对准压头圆心；否则将导致实验结果有误差，甚至错误。

(2) 在接线和调整线时应在卸载后的状态下进行，并且应关闭应变仪，重新打开应变仪时需进行平衡与启动。

(3) 力通道设置为第 8 通道，若力通道无显示，可报告指导教师，由指导教师处理。

2. 实验步骤

(1) 纯弯梁的安装与调整。

在如图 4-1 所示位置处，将拉压力传感器安装在蜗杆升降机构上拧紧，将支座(两个)放于如图所示的位置，并对于加力中心成对称放置，将纯弯梁置于支座上，也成对称放置，将加力杆接头(两对)与加力杆(两个)连接，分别用销子悬挂在纯弯梁上，再用销子把加载下梁固定于图上所示位置，调整加力杆的位置两杆都成铅垂状态并关于加力中心对称。摇动手轮使传感器升到适当位置，将压头放在如图中所示位置压头的尖端顶住加载下梁中部的凹槽，适当摇动手轮使传感器端部与压头稍稍接触。检查加载机构是否关于加载中心对称，如不对称应反复调整。

(2) 预热。打开电阻应变仪的电源开关预热 30 分钟。

(3) 公共补偿片接线。(可选用同心拉杆或偏心拉杆上的应变片作为补偿片)接在 DH3818Y 第一排的补偿端上，应变片的一根引线与补偿端的上接线端子连接，另一根引线与补偿端的下接线端子连接。

(4) 电阻应变片接线。将纯弯梁上的 1＃到 5＃应变片分别与公共补偿片所在那一排的应变通道(第一排的第 1 号通道到第 5 号通道)对应连接，每个应变片的两根引线，一根引线与通道接线端的"Eg"连接，另一根引线与通道接线端的"1/4 桥"连接，检查并记录测点对应的通道号。

(5) 参数设置。打开仪器，在液晶屏的操作界面进行通道参数设置。对纯弯梁应变测量的通道进行设置，测量内容设置为应变，桥路方式选择为 方式一(公共补偿) ，灵敏度设置为 2.00，片阻设置为 120 Ω，小数位数选择为无小数位。对纯弯梁力测量通道进行设置，测量内容设置为桥式，测量量为力，工程单位为 N，桥路方式为全桥，灵敏度设置为 0.000 8，量程为 5 000 N(适用于银色力传感器)。

(6) 平衡与启动。在液晶屏点击[进入测量],全选→平衡→启动。检查力传感器和应变测量通道的数值是否已变为0。

(7) 测量。本实验取初始载荷 $F_0=500$ N,$F_{max}=2\ 500$ N,$\Delta F=500$ N,以后每增加载荷 500 N,记录应变读数 ε_i,共加载四级,然后卸载。再重复测量,共测三次。取数值较好的一组,记录到数据列表中。

(8) 整理。实验完毕,卸载、关机、拆线。实验台和应变仪恢复原状。

【实验结果处理】

1. 按实验记录数据求出各点的应力实验值,并计算出各点的应力理论值,算出它们的相对误差。

2. 按同一比例分别画出各点应力的实验值和理论值沿横截面高度的分布曲线,将两者进行比较,如果两者接近,说明弯曲正应力的理论分析是可行的。

实验5　薄壁圆筒弯扭组合变形时主应力测量实验

【实验目的】

1. 了解用电测法测量平面应力状态下主应力大小及方向的方法。
2. 用电测法测量平面应力状态下主应力大小及方向，并与理论值进行比较。

【实验仪器设备】

1. DHMMT多功能力学实验教学装置(见附录3)。
2. DH3818Y静态应变测试仪(见附录4)。
3. 弯扭组合梁一根。

图5-1表示弯扭组合梁的实验装置图。

实验时将拉压力传感器安装在蜗杆升降机构上拧紧，顶部装上钢丝接头。观察加载中心线是否与加载中心接头是否相切，如不相切调整紧固螺钉(共四个)，调整好后用扳手将紧固螺钉拧紧。将钢丝一端挂入扇形加力杆的凹槽内，摇动手轮至适当位置，把钢丝的另一端插入传感器上方的钢丝接头内。

注意：1♯应变花位于薄壁圆筒的上边缘弧面上，2♯应变花位于薄壁圆筒中轴层上，均为45°三轴45°直角应变花，如图5-2所示。

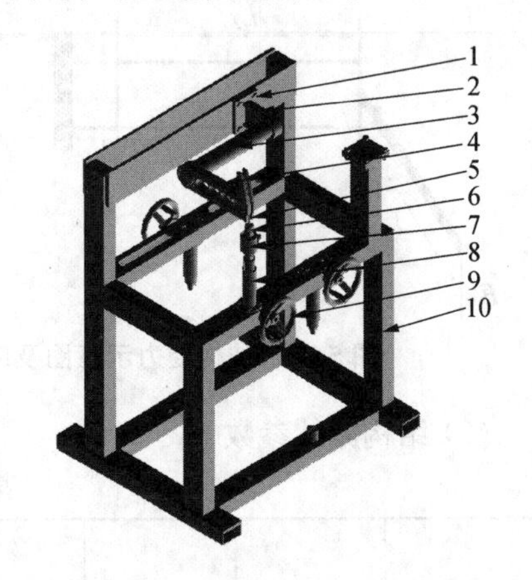

图5-1　弯扭组合梁实验装置图

1—坚固螺钉；2—固定支座；3—薄壁圆筒；4—扇形加力架；5—钢丝；6—钢丝接头；7—拉压力传感器；8—蜗杆升降机构；9—手轮；10—台架主体。

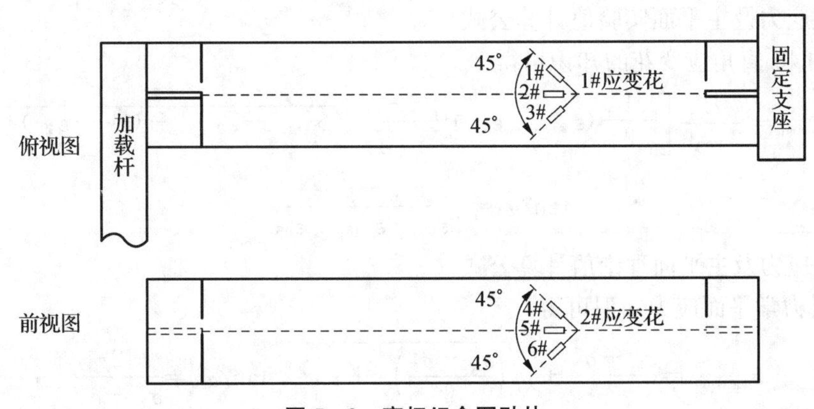

图5-2　弯扭组合图贴片

4. 温度补偿块一块。

【实验原理与方法】

(1) 弯扭组合变形结构与测点状态

弯扭组合薄壁圆筒实验梁是由薄壁圆筒、扇臂、手轮、旋转支座等组成。实验时，转动手轮，加载螺杆和载荷传感器都向下移动，载荷传感器就有压力电信号输出，此时力指示器显示出作用在扇臂端的载荷值。扇臂端的作用力传递到薄壁圆筒上，使圆筒产生弯扭组合变形。

结构受力示意图及试件上的 A 点、B 点对应的应力单元体如图 5-3 所示，A 点(1#应变花)、B 点(2#应变花)的应变片布置如图 5-4 所示，可以根据测出的应变值进行主应力的计算。

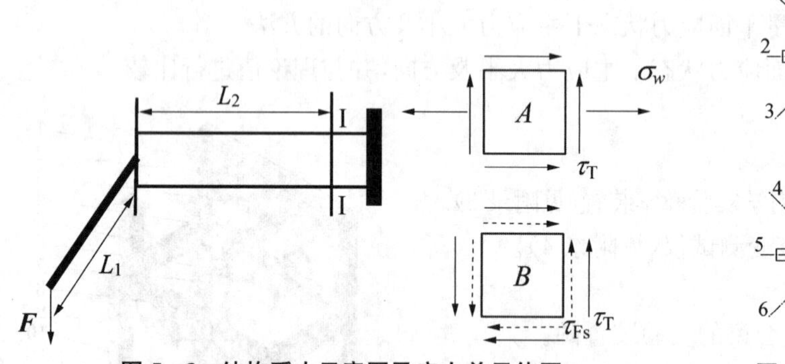

图 5-3　结构受力示意图及应力单元体图

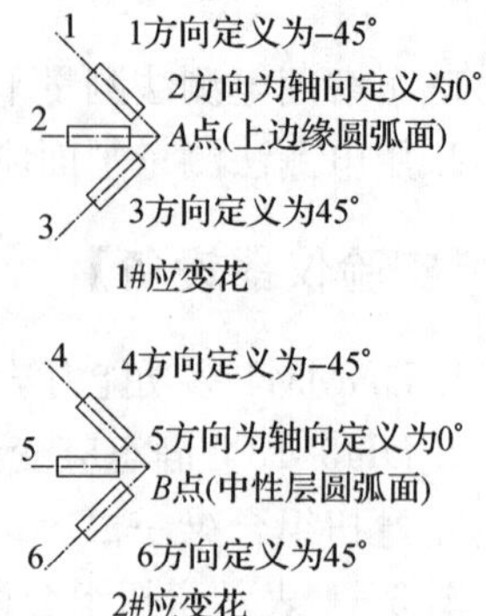

图 5-4　应变片的布置图

(2) 结构原始参数

表 5-1　原始参数表

材料	弹性模量 E(GPa)	泊松比 v	几何参数				应变片参数	
			外径 D(mm)	内径 d(mm)	加载处到薄壁圆筒中心距离 L_1(mm)	贴片截面到左端距离 L_2(mm)	灵敏度系数 $K_片$	电阻值 (Ω)
45#钢	206	0.28	40.5	36.5	200	290	2.00	120

(3) 主应力及主平面实验值计算公式

由三轴 45°直角应变花的知识可得

$$\sigma_{\max,\min}=\frac{E}{1-\nu^2}\left[\frac{1+\nu}{2}(\varepsilon_{-45^\circ}+\varepsilon_{45^\circ})\pm\frac{1-\nu}{\sqrt{2}}\sqrt{(\varepsilon_{-45^\circ}-\varepsilon_{0^\circ})^2+(\varepsilon_{0^\circ}-\varepsilon_{45^\circ})^2}\right]$$

$$\tan 2\alpha_0=\frac{\varepsilon_{45^\circ}-\varepsilon_{-45^\circ}}{2\varepsilon_{0^\circ}-\varepsilon_{-45^\circ}-\varepsilon_{45^\circ}}$$

(4) 主应力及主平面理论值计算公式

由材料力学平面应力知识可得

$$\sigma_{\max,\min}=\frac{\sigma_x+\sigma_y}{2}\pm\sqrt{\left(\frac{\sigma_x-\sigma_y}{2}\right)^2+\tau_{xy}{}^2},\ \tan 2\alpha_0=\frac{-2\tau_{xy}}{\sigma_x-\sigma_y}$$

式中，根据点的应力状态图可知

A 点 $\sigma_x=\sigma_W=\dfrac{M}{W_Z}=\dfrac{FL_2}{\dfrac{\pi D^3\left[1-\left(\dfrac{d}{D}\right)^4\right]}{32}}$，$\sigma_y=0$，$\tau_{xy}=\tau_T=\dfrac{T}{W_P}=\dfrac{FL_1}{\dfrac{\pi D^3\left[1-\left(\dfrac{d}{D}\right)^4\right]}{16}}$，

B 点 $\sigma_x=0$，$\sigma_y=0$，$\tau_{xy}=\tau_T+\tau_{F_s}$

其中 $\tau_T=\dfrac{T}{W_P}=\dfrac{FL_1}{\dfrac{\pi D^3\left[1-\left(\dfrac{d}{D}\right)^4\right]}{16}}$，$\tau_{F_s}=\dfrac{4}{3}\dfrac{F_s}{A}=\dfrac{F}{\dfrac{\pi(D^2-d^2)}{4}}$

注：线应变 ε 以伸长为正，转角 α 以 x 轴逆时针转动到该截面法线为正，正应力 σ 以拉伸为正，切应力 τ 以使单元体顺时针转动为正。

【实验步骤及注意事项】

1. 注意事项

(1) 钢丝绳连接端要安装在扇臂端和力传感器的凹槽内。

(2) 在接线和调整线时应在卸载后的状态进行，并且应关闭应变仪，重新打开应变仪时需进行平衡与启动。

(3) 力通道设置为第 16 通道，若力通道无显示可报告指导教师，由指导教师处理。

2. 实验步骤

(1) 钢丝绳的安装。将钢丝绳从实验台上塑料盒中取出，安装在弯扭组合扇臂端和力传感器之间。

(2) 预热。打开电阻应变仪的电源开关预热 30 分钟。

(3) 公共补偿片接线。（可选用同心拉杆或偏心拉杆上的应变片作为补偿片）接在 DH3818Y 第二排的补偿端上，应变片的一根引线与补偿端的上接线端子连接，另一根引线与补偿端的下接线端子连接。

(4) 电阻应变片接线。将薄壁圆筒上应变花单个方向（共 6 个）的应变片分别与第二排的应变通道对应连接（1～6 通道），每个应变片的两根引线，一根引线与通道接线端的“Eg”连接，另一根引线与通道接线端的“1/4 桥”连接。

(5) 参数设置。打开应变仪，在液晶屏的操作界面进行通道参数设置。对薄壁圆筒应变测量的通道进行设置，测量内容设置为应变，桥路方式选择为 方式一（公共补偿），灵敏度设置为 2.00，片阻设置为 120 Ω，小数位数选择为无小数位。对薄壁圆筒力测量的通道进行设置，测量内容设置为桥式，测量量为力，工程单位为 N，桥路方式为全桥，灵敏度设置为 0.000 4，量程为 5 000 N（适用于黄铜色力传感器）。

(6) 平衡与启动。在液晶屏点击 进入测量 ，全选→平衡→启动。检查力传感器和应变测量通道的数值是否已变为 0。

(7) 测量。本实验取初始载荷 $F_0=100$ N，$F_{max}=500$ N，$\Delta F=100$ N，以后每增加载荷 100 N，记录应变读数 ε_i，共加载四级，然后卸载。再重复测量，共测三次。取数值较好的一组，记录到数据列表中。计算每增加 100 N，每个测点应变值的变化值 $\Delta\varepsilon_i$，每个测点得到 4 个变化值 $\Delta\varepsilon_i$ 求平均值，得到各个测点的平均变化值 $\overline{\Delta\varepsilon_1}$、$\overline{\Delta\varepsilon_2}$、$\overline{\Delta\varepsilon_3}$、$\overline{\Delta\varepsilon_4}$、$\overline{\Delta\varepsilon_5}$、$\overline{\Delta\varepsilon_6}$。

(8) 整理。实验完毕，卸载、关机、拆线。实验台和应变仪恢复原状。

【实验结果处理】

算出 A、B 两点的主应力大小及方向的实验值与理论值。

☞ 扫码可见
本实验视频

实验 6　同心拉杆弹性模量测量实验

【实验目的】

1. 测量 45＃钢的弹性模量 E。
2. 验证胡克定律。

【实验仪器设备】

1. DHMMT 型多功能力学实验教学装置(见附录 3)。
2. DH3818Y 型静态应变测试仪(见附录 4)。
3. 同心拉杆(见图 6－1)。
4. 温度补偿块一块。

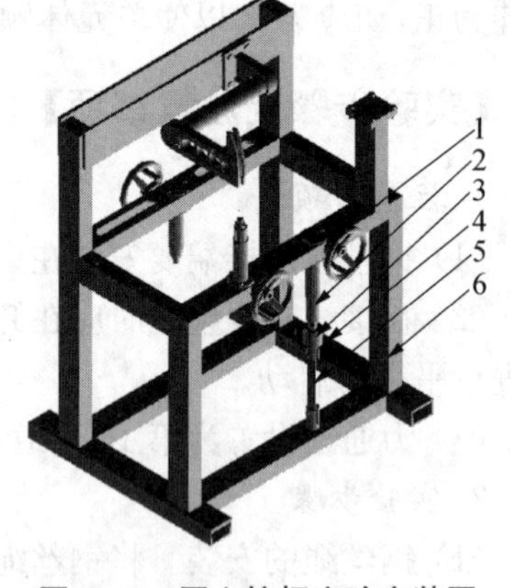

图 6－1　同心拉杆实验安装图
1—手轮;2—蜗杆升降机构;
3—拉压力传感器;4—拉伸杆接头;
5—同心拉杆;6—台架主体。

【实验原理】

1. 同心的贴片示意图

只贴一枚应变片,贴于拉杆平面的横向、纵向轴对称中心线交点上,尺寸如图 6－2 所示。

2. 弹性模量 $\boldsymbol{E}$ 的测量

由材料力学可知,弹性模量是材料在弹性变形范围内应力与应变的比值,即

$$E=\frac{\sigma}{\varepsilon}$$

因为 $\sigma=\dfrac{F}{A}$,所以弹性模量 E 又可表示为

$$E=\frac{F}{A\varepsilon}$$

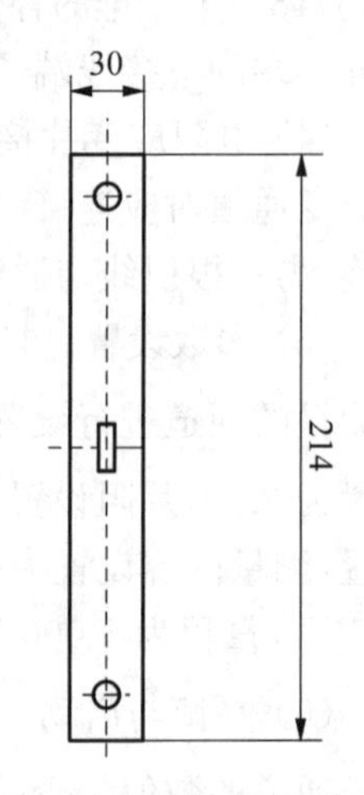

图 6－2　同心拉杆贴片示意图

式中:

E——材料的弹性模量,σ——应力,ε——应变,F——实验时所施加的载荷,A——以试件截面尺寸的平均值计算的横截面面积,宽度 $b=30$ mm,厚度 $h=5$ mm,横截面积 $A=150\ \text{mm}^2$。

对于两端铰接的同心拉杆,加力点都位于拉杆纵向轴线上,所贴应变片也位于拉杆纵向轴线上,此时该测点的应力状态可认为是单向应力状态,即只有一个主应力,满足胡克定律,由于材料在弹性变形范围内,σ 与 ε 成正比,所以试件受到的载荷增量 ΔF 与应变增量 $\Delta\varepsilon$ 的比值即为 E:

$$E=\frac{\Delta F}{A\ \Delta\varepsilon}$$

通过实验采集可以得到载荷增量 ΔF 和应变增量 $\Delta\varepsilon$，代入上述公式计算得出弹性模量 E，理论弹性模量 $E=206$ GPa。

3. 结构原始参数

表 6-1　原始参数表

材料	理论弹性模量(GPa)	泊松比	几何参数			应变片参数	
			拉杆长度 L(mm)	拉杆宽度 b(mm)	拉杆厚度 h(mm)	灵敏度系数 $K_片$	电阻值(Ω)
45#钢	206	0.28	214	30	5	2.00	120

【实验步骤及注意事项】

1. 注意事项

(1) 仪器应变通道与测力通道区分设置，并注意检查。否则将会导致数据无效，实验失败，甚至仪器设备损坏。

(2) 在接线和调整线时应在卸载后的状态进行，并且应关闭应变仪，重新打开应变仪时需进行平衡与启动。

(3) 力通道设置为第二排的第 8 个通道即第 16 号通道，若力通道无显示，可报告指导教师，由指导教师处理。

2. 实验步骤

(1) 安装。如图 6-1 所示，实验台换上拉伸夹具，将拉压力传感器安装在蜗杆升降机构上拧紧，将拉杆接头(两个)安装在如图所示的位置拧紧，摇动手轮使传感器升到适当位置，将同心拉杆用销子安装在拉杆接头的凹槽内，应调整支座的位置，使同心拉杆处于自由悬垂状态。

(2) 预热。打开电阻应变仪的电源开关预热 30 分钟。

(3) 公共补偿片接线。(可选用偏心拉杆上的应变片作为补偿片)接在应变仪第二排的补偿端上，应变片的一根引线与补偿端的上接线端子连接，另一根引线与补偿端的下接线端子连接。

(4) 电阻应变片接线。将同心拉杆上应变片接在公共补偿片所在那一排的应变通道(第二排的第 1 个通道，即第 9 号通道)对应连接，应变片的两根引线，一根引线与通道接线端的“Eg”连接，另一根引线与通道接线端的“1/4 桥”连接，检查并记录测点对应的通道号。

(5) 参数设置。在液晶屏的操作界面点击通道参数设置：在［应变参数设置］中，点击应变接入的通道，使其处于选中状态，测量内容设置为应变，桥路方式选择为［方式一(公共补偿)］，灵敏度为 2.00，片阻为 120 Ω，小数位数选择为无小数位。

(6) 平衡与启动。在液晶屏点击［进入测量］，全选→平衡→启动。检查力传感器和应变测量通道的数值是否已变为 0。

(7) 测量。加初始载荷 $F_0=500$ N，记录下载荷及对应的应变读数，接下来每增加载荷 $\Delta F=500$ N，记录下应变读数 $\varepsilon_实$，一直加到 $F_{max}=2\ 500$ N，记录应变读数 ε_i，共加载四级，然后卸载。再重复测量，共测三次。取数值较好的一组，记录到数据列表中。计算每增加

500 N,测点应变值的变化值 $\Delta\varepsilon_i$,每个测点得到 4 个增量值 $\Delta\varepsilon_i$ 求平均值,得到测点的平均变化值$\overline{\Delta\varepsilon}$。

(8) 整理。实验完毕,卸载、关机、拆线。实验台和应变仪恢复原状。

【实验结果处理】

1. 求出测量点在等量载荷作用下,应变增量的平均值$\overline{\Delta\varepsilon_{实}}$。
2. 根据实验装置的受力图和截面尺寸,计算横截面面积 A。
3. 根据轴向拉伸应力的理论公式,计算在等增量载荷作用下,测点的弹性模量实验值

$$E_{实}=\frac{\Delta\sigma_{实}}{\overline{\Delta\varepsilon}}=\frac{\Delta F}{A\ \overline{\Delta\varepsilon}}$$

4. 比较各测点应力的理论值和实验值,并按下式计算相对误差

$$e=\frac{E_{实}-E_{理}}{E_{理}}\times 100\%$$

实验 7　偏心拉杆内力分量和偏心距测量实验

【实验目的】

1. 分别测量偏心拉伸试样中由拉力和弯矩所产生的应力。

2. 熟悉电阻应变仪的电桥接法及测量组合变形试样中某一种内力因素的一般方法。

3. 测量偏心拉伸试样的偏心距 e。

【实验仪器设备】

1. DHMMT 型多功能力学实验教学装置(见附录 3)。

2. DH3818Y 型静态应变测试仪(见附录 4)。

3. 偏心拉杆(见图 7 - 1)。

4. 温度补偿块。

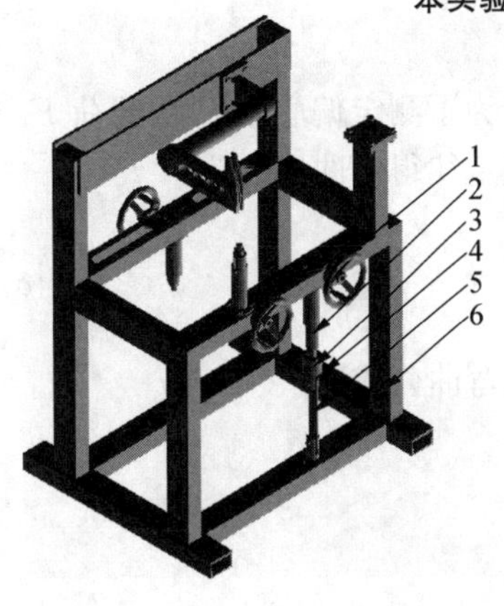

图 7 - 1　偏心拉杆实验安装图

1—手轮;2—蜗杆升降机构;
3—拉压力传感器;4—拉伸杆接头;
5—偏心拉杆;6—台架主体。

【实验原理与方法】

偏心拉杆的贴片方法如图 7 - 2 所示,1♯和 5♯为两侧平面沿纵向中心对称处粘贴的应变片,其余三片(2♯、3♯、4♯)在横向四等分位置处。

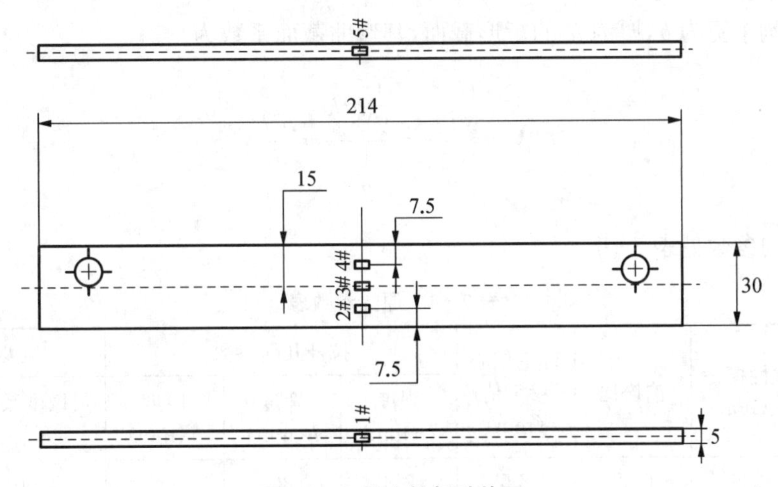

图 7 - 2　偏心拉杆贴片图

图 7 - 2 中,1♯和 5♯应变片的应变均由拉伸和弯曲两种应变成分组成,1♯应变片为远离偏心一侧端面的应变片,5♯应变片为靠近偏心点一侧端面的应变片,即

$$\varepsilon_1=\varepsilon_F-|\varepsilon_M|$$

$$\varepsilon_5=\varepsilon_F+|\varepsilon_M|$$

式中 ε_F 和 ε_M 分别为拉伸应变和弯曲应变。

因此可得到

$$\varepsilon_F=\frac{\varepsilon_1+\varepsilon_5}{2},|\varepsilon_M|=\frac{\varepsilon_5-\varepsilon_1}{2}$$

为了测定偏心距 e，初载荷 F_0 时应变仪调平衡，载荷增加 ΔF 后，记录 ε_1、ε_5 读数，根据胡克定律得弯曲应力为：

$$|\sigma_M|=E|\varepsilon_M|=E\cdot\frac{\varepsilon_5-\varepsilon_1}{2}$$

再由弯曲公式

$$|\sigma_M|=\frac{M}{W_z}$$

$$M=W_z|\sigma_M|$$

进而可求得

$$e=\frac{M}{\Delta F}=\frac{W_zE|\varepsilon_M|}{\Delta F}$$

式中，E——材料的弹性模量，σ_M——弯曲应力，ε_M——弯曲应变，ΔF——实验时所施加的载荷增量，W_z——试件的弯曲截面系数。

其中，W_z 是一个仅与截面形状和尺寸有关的量，称为弯曲截面系数（或抗弯截面系数），其国际单位为 m^3。

对于本例中宽为 b，厚为 h 的矩形截面，其弯曲截面系数为

$$W_z=\frac{I_z}{y_{\max}}=\frac{\frac{1}{12}b^3h}{\frac{1}{2}b}=\frac{b^2h}{6}$$

本例中的参数见表 7-1

表 7-1　原始参数表

材料	弹性模量(GPa)	泊松比	理论偏心参考值(mm)	拉杆几何参数			应变片参数	
				强度 L(mm)	宽度 b(mm)	厚度 h(mm)	灵敏度系数 $K_{片}$	电阻值(Ω)
45#钢	206	0.28	6.5	214	30	5	2.00	120

【实验步骤及注意事项】

1. 注意事项

(1) 实验过程中应保证偏心拉杆处于自由悬垂状态，否则将导致实验结果有较大误差，

甚至错误。

（2）接线和调整线应在卸载后的状态下进行，并且应关闭应变仪，重新打开应变仪时需进行平衡与启动。

（3）力通道设置在第 16 号通道，若力通道无显示，可报告指导教师，由指导教师处理。

2. 实验步骤

（1）安装调整。如图 7－1 所示，换上拉伸夹具，将拉压力传感器安装在蜗杆升降机构上拧紧，将拉伸杆接头（两个）安装在如图所示的位置拧紧，摇动手轮使传感器升到适当位置，将偏心拉杆用销子安装在拉伸杆接头的凹槽内，应调整支座的位置，使偏心拉杆处于自由悬垂状态。

（2）预热。打开电阻应变仪的电源开关预热 30 分钟。

（3）公共补偿片接线。（可选用同心拉杆上的应变片作为补偿片）接在应变仪第二排的补偿端上，应变片的一根引线与补偿端的上接线端子连接，另一根引线与补偿端的下接线端子连接。

（4）电阻应变片接线。将偏心拉杆上 1＃和 5＃应变片分别与公共补偿片所在那一排的应变通道（如第二排的第 1 号通道和第 5 号通道）对应连接，1＃应变片为远离偏心一端的端面应变片，5＃应变片为靠近偏心一端的端面应变片，每个应变片的两根引线，一根引线与通道接线端的“Eg”连接，另一根引线与通道接线端的“1/4 桥”连接，检查并记录测点对应的通道号。

（5）参数设置。打开应变仪，在液晶屏的操作界面进行通道参数设置。对偏心拉杆测量的通道进行设置，测量内容设置为应变，桥路方式选择为【方式一（公共补偿）】，灵敏度为 2.00，片阻为 120 Ω，小数位数选择为无小数位。

（6）平衡与启动。在液晶屏主界面点击【进入测量】，全选→平衡→启动。检查力传感器和应变测量通道的数值是否已变为 0。

（7）测量。本实验取初始载荷 $F_0=500$ N，$F_{max}=2\ 500$ N，$\Delta F=500$ N，以后每增加载荷 500 N，记录应变读数 ε_i，共加载四级，然后卸载，再重复测量，共测三次。取数值较好的一组，记录到数据列表中。计算每增加 500 N，每个测点应变值的变化值 $\Delta\varepsilon_i$，每个测点得到 4 个变化值 $\Delta\varepsilon_i$ 求平均值，得到各个测点的平均变化值$\overline{\Delta\varepsilon_1}$、$\overline{\Delta\varepsilon_5}$。

（8）整理。实验完毕，卸载、关机、拆线。实验台和应变仪恢复原状。

实验8 槽型截面梁弯曲中心及应力测量设计性实验

【实验目的】

根据槽型截面梁(如图8-1)上已粘贴的应变片对其进行测量,完成以下项目(或选做其中几项)。自行设计实验方案,根据实验方案确定组桥和加载方式等。

1. 确定弯曲中心。
2. 测量翼缘上下外表面中点的弯曲切应力。
3. 测量腹板外侧面中点的弯曲切应力。
4. 测量载荷作用于腹板中线时,翼缘上下外表面中点的扭转切应力。
5. 测量载荷作用于腹板中线时,腹板外侧面中点的扭转切应力。
6. 测量载荷作用在距离弯曲中心正负8 mm处时,各应变花粘贴处的主应力大小和方向。
7. 用实验数据说明圣维南原理的影响范围。
8. 用实验数据说明本实验装置的固定端约束对弯曲正应力的局部影响范围。

图8-1 槽型截面梁实验装置

【实验仪器设备】

1. 槽型截面梁实验装置,如图8-1所示。
2. DH3818Y应变测试仪或TS3861型静态数字应变仪。

【实验方案设计】

1. 用材料力学知识计算开口薄壁梁的弯曲中心。
2. 实验方案、实验数据、实验结果及分析。

分析内容:

(1) 完成以上各项目的测量,用哪些位置的应变片,如何组桥,应注意哪些问题?

(2) 在该实验装置测量弯曲中心时,还有哪些贴片方案和组桥方式?

(3) 用数据分析圣维南原理的影响范围和固定端约束对弯曲正应力的局部影响范围。

(4) 通过实验,谈谈实验体会,或者根据选做的内容谈谈实验体会。

附录 1　微机控制电子式万能试验机

一、构造原理(如附图 1－1、附图 1－2)

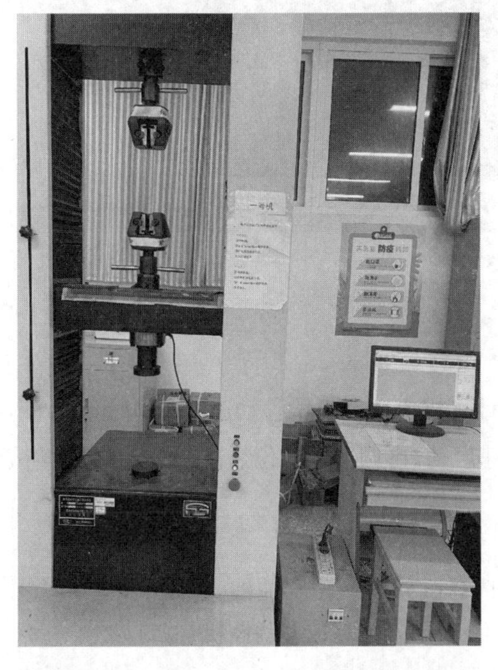

附图 1－1　WDW－100D 型微机控制电子式万能试验机

附图 1－2　WDW－100E 型微机控制电子式万能试验机

这是一种利用电子计算机控制加载的试验机,可用于拉伸、压缩、剪切和弯曲等多种试验,所以被称为万能试验机。试验机的型号很多,这里以 WDW－100E 型微机控制电子式万能试验机为例说明其使用方法。

二、操作步骤和注意事项

1. 操作步骤

(1) 接通电源,打开显示器与计算机,使计算机进入 Windows 7 操作系统,运行 SmartTest 电子式万能试验机测控软件(如附图 1－3)。

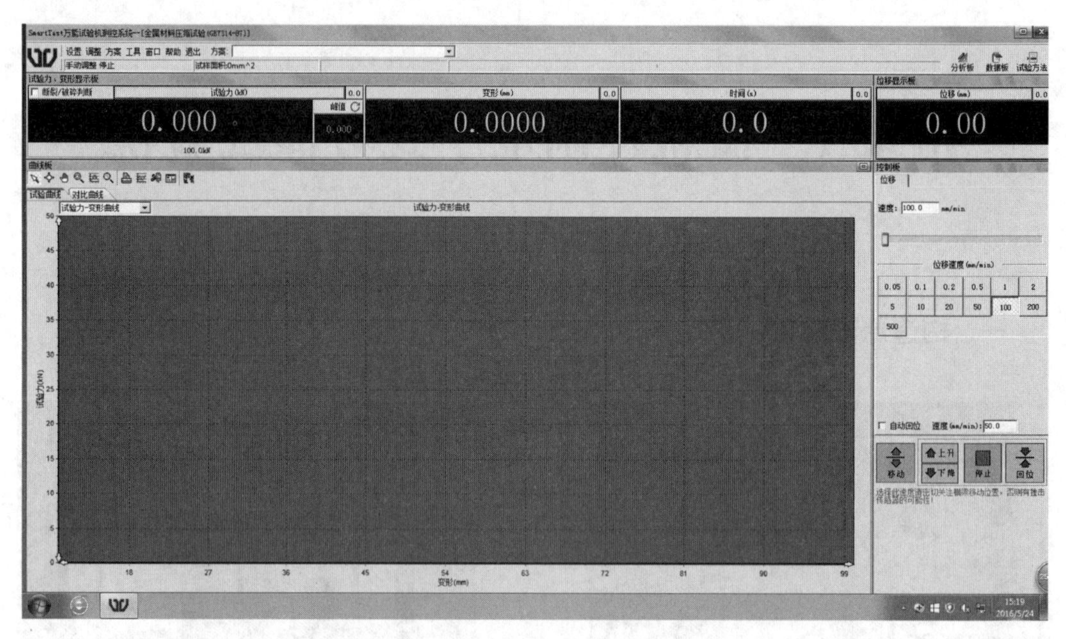

附图 1-3

(2) 打开试验机主电源,按下启动按钮,预热 30 分钟。

(3) 对测控软件进行参数设置。

(4) 将试件在上夹头上夹紧。打开下夹头,在计算机上选择横梁移动速度为 10 mm/min,点击[上升]移动横梁,逐步过渡到 100 mm/min(低速启动,再调速),到位后点击[停止],调整试验力零点,夹紧下夹头(不可夹得太紧)。

(5) 选择合适的速度进行加载。

(6) 实验过程中,应注意观察曲线形状(一般选择试验力—位移曲线)。

(7) 实验完成后,试验机可能会自动停机,如不自动停机则需手动停机。

(8) 将实验结果从测控软件数据板中读出。

2. 注意事项

(1) 启动试验机前,一定要检查限位旋钮位置,使之处于满足试验行程要求的位置,并不能使上、下夹具相撞。

(2) 主机上红色蘑菇头按钮是试验机的紧急停车按钮,如遇紧急情况请立即按下(按一下就行,不必按住不放)。

(3) 如果横梁运动到所定限位位置,试验机将自动停机。若需重新启动试验机,则应先松开限位调节旋钮并移动到其他所需工作位置,否则无法启动。

(4) 如果试验过程中出现超载,请先切断电源后重新通电,并注意断电与通电顺序。断电时,要先关试验机(按一下红色蘑菇头按钮),再切断试验机动力电源,然后退出计算机测控软件,最后关闭计算机。

(5) 开机时必须先开计算机,运行试验机测控软件后再开试验机。

(6) 试验机运行时,操作员不能离开试验机和电脑。

3. SmartTest 电子式万能试验机测控软件使用介绍

双击桌面上的 SmartTest 图标，运行电子式万能试验机测控软件（如附图 1－4）。

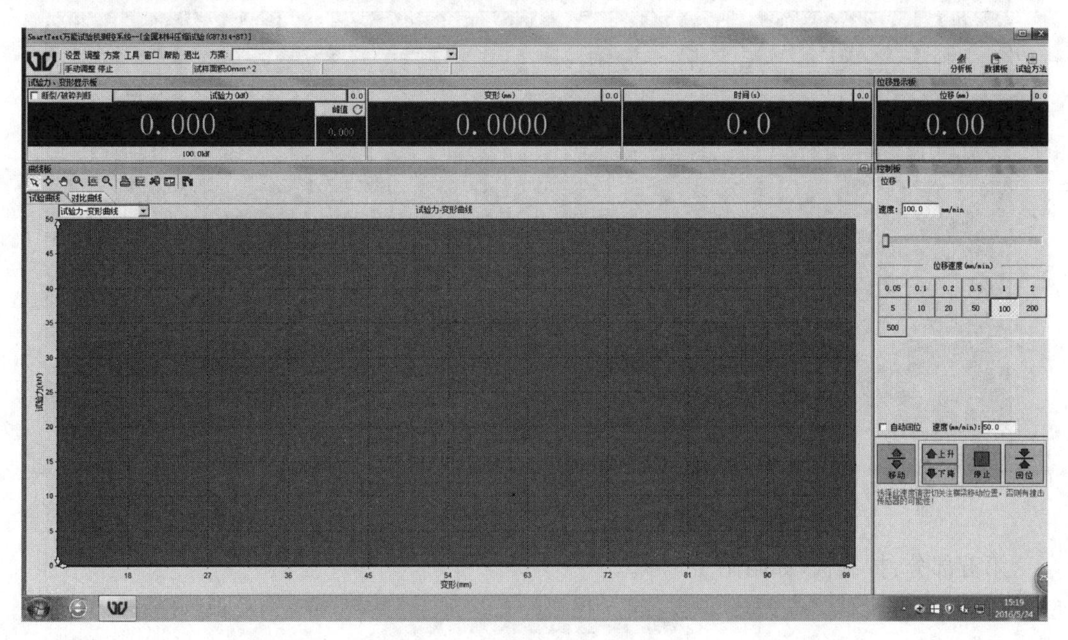

附图 1－4

该画面分为五个部分：

第一部分：主窗口（如附图 1－5）。

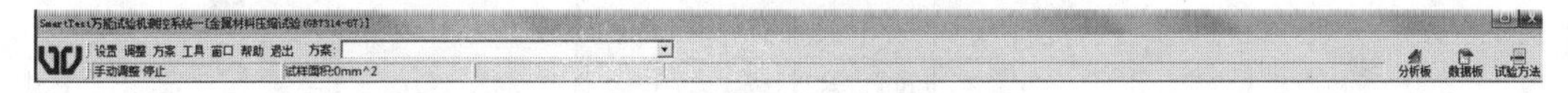

附图 1－5

第二部分：力、变形和时间显示板（如附图 1－6）。

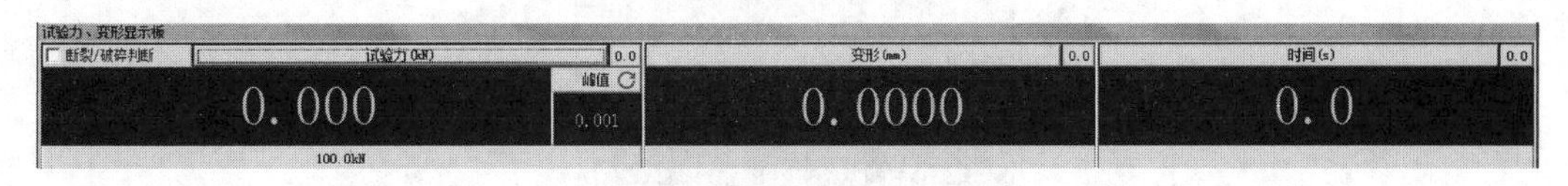

附图 1－6

第三部分：位移显示板（如附图 1－7）。

附图 1－7

第四部分：曲线显示板（如附图 1－8）。

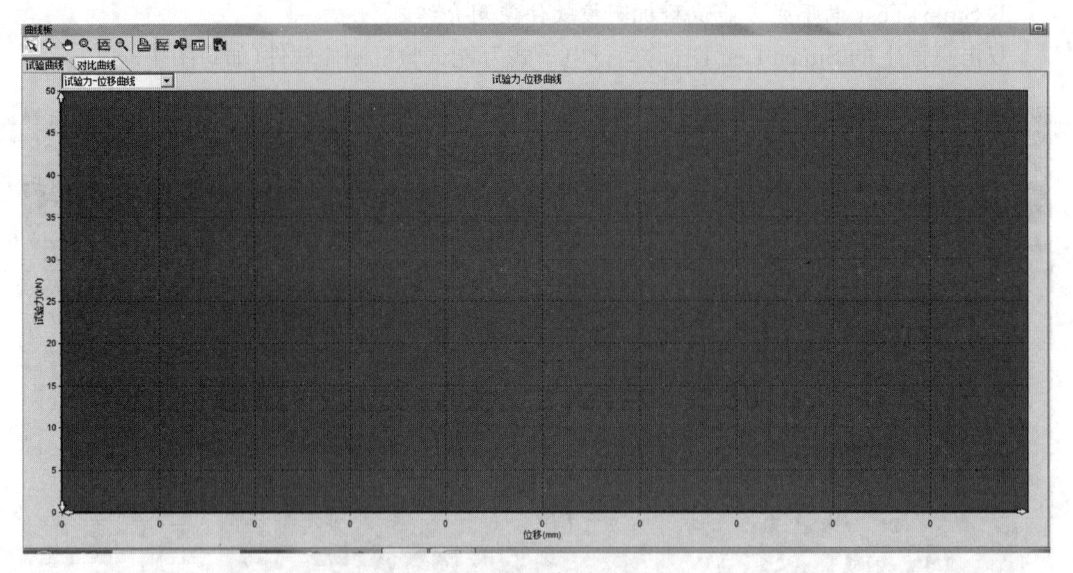

附图 1－8

第五部分:控制板(如附图 1－9)。

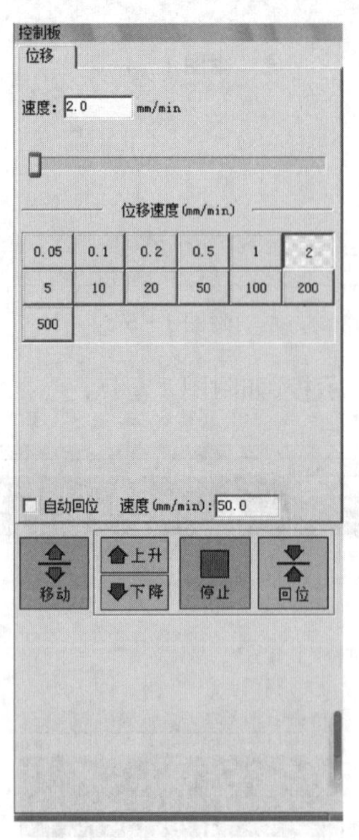

附图 1－9

4. 低碳钢试件拉伸实验过程详解

第一步　运行 SmartTest 电子万能试验机测控软件。

双击桌面上的 SmartTest 图标运行主程序,出现全画面(如附图 1－10)。

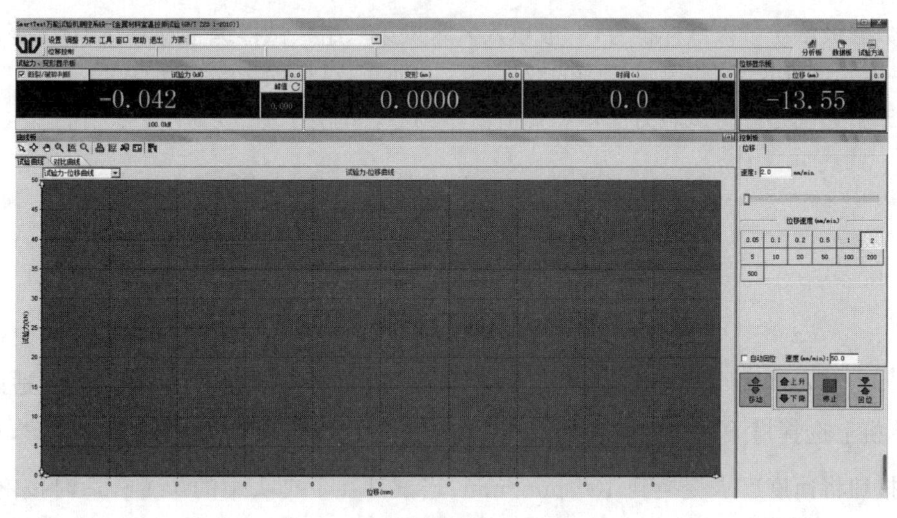

附图 1－10

第二步　打开试验机主电源，按下[启动]按钮（100D 型试验机[启动]按钮为绿色按钮，100E 型试验机[启动]按钮为遥控器上最下边一个按钮），运行试验机。

第三步　测控软件试验方法选择。在测控软件右上方有试验方法选择按钮，点开从中选择拉伸实验方法（如附图 1－11）。

第四步　数据板填写。在测控软件右上方有数据板选择按钮，点开，如附图 1－12 所示。

附图 1－11

数据板-拉伸试验（测试未完成）

记录位置/记录总数：1/1

试件批号：G机械第一组
试件编号：001
材质：低碳钢
规格：Q235
试验日期：2021/ 7/ 7
温度(℃)：20.0
试验人：***
试件形状：圆材
试样尺寸[直径(mm)]：10.0

So(mm^2):	78.54	比例系数:	
Le(mm):	50.0	Lc(mm):	50.0
Lo(mm):	50.0	Lu(mm):	0
A(%):	0	At(%):	0
Su(mm^2):		Z(%):	
Fm(kN):		Rm(MPa):	
FeH(kN):		ReH(MPa):	
FeL(kN):		ReL(MPa):	
Fp0.2(kN):	0	Rp0.2(MPa):	0
Fp0.1(kN):	0	Rp0.1(MPa):	0
Ft5.0(kN):	0	Rt5.0(MPa):	0
E(GPa):	0	Ae(%):	0
Ag(%):		Agt(%):	0
屈强比:		强屈比:	
屈屈比:			

试验方法：0
自定义2：0
自定义3：0
自定义4：0

附图 1－12

在数据板依次填入试样批号(一般填入××班第×组)、试样编号(如 001、002 等)、试验人(填一人)、试样尺寸(将测量得到的数据填入并回车,试样面积会自动算出)。

第五步　调零。将试验力窗口和峰值窗口调零,如附图 1-13 所示。

附图 1-13

第六步　安装试件。先将试件在上夹头上夹紧;再打开下夹头,并移动到合适的位置[在计算机上选择横梁移动速度为 10 mm/min(低速起步),点 上升 按钮移动横梁,再点速度挡位按钮将速度逐步变换到 100 mm/min,当试件在下夹头中的位置合适时按 停止 按钮];最后夹紧下夹头(试件大头部分要全部进入夹头,但也不可加入太多,夹头夹紧就行,也不可夹得太紧)。夹紧后的试件如附图 1-14 所示。

第七步　开始实验。安装好试件后,就可以开始实验了,一般情况下,控制板此时如附图 1-15 所示。

附图 1-14

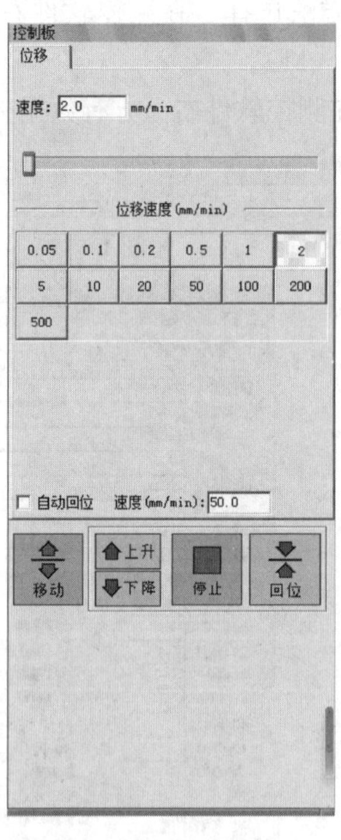

附图 1-15

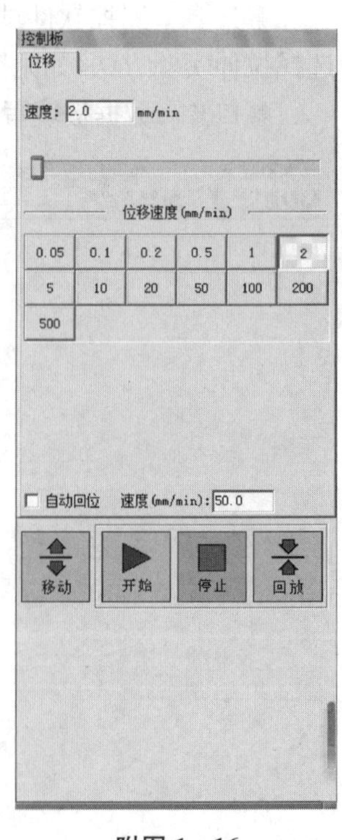

附图 1-16

点 移动 切换按钮,得到如附图 1-16 所示状态。选 2 mm/min 的速度,点击 开始 按钮开始实验,除非紧急情况,不能按 停止 按钮,否则会终止实验。这时实验曲线窗口会显示实验曲线,如附图 1-17 所示,一般用试验力—位移曲线。

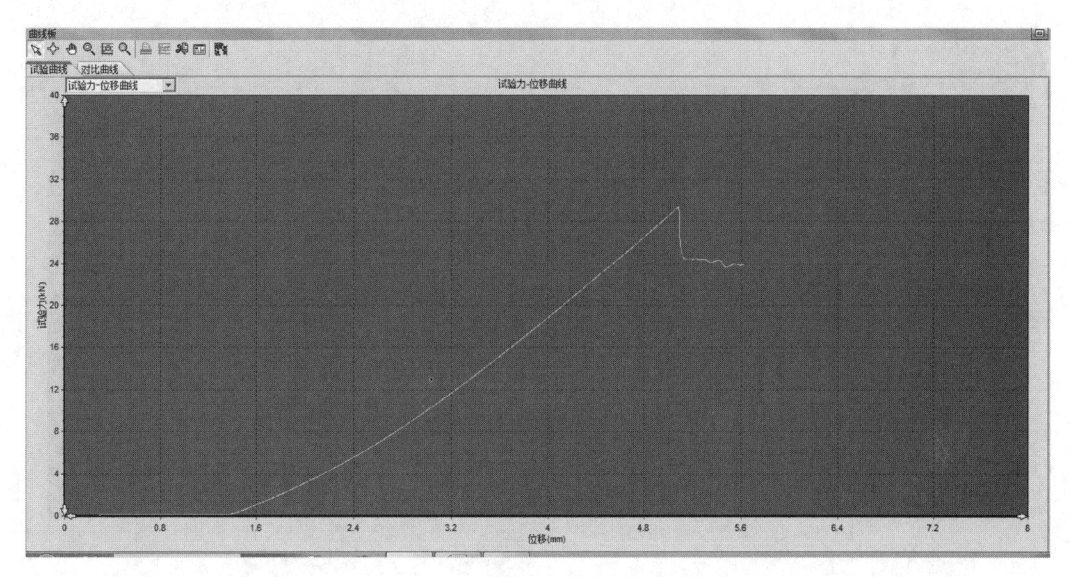

附图 1－17

当实验曲线出现波动时，说明试件发生了屈服。

当波动停止，则实验曲线会继续上升，说明试件过了屈服阶段，进入强化阶段，这时试件变形会大幅增加，可以将速度缓慢调至 5 mm/min（缓慢拖动速度控制滑块，从最左边缓慢拖到最右边，即将速度由 2 mm/min 调到 5 mm/min），如附图 1－18 所示。

当曲线开始下降时，说明试件进入局部变形阶段。

第八步　读出数据。试件断裂后，试验机会自动停机，并弹出数据板（如试验机未自动停机，则需手动停机，并自动弹出数据板）。在数据板中读出相关数据（如：屈服载荷、最大载荷、屈服极限、强度极限等）。试件拉断后的曲线显示板如附图 1－19 所示。

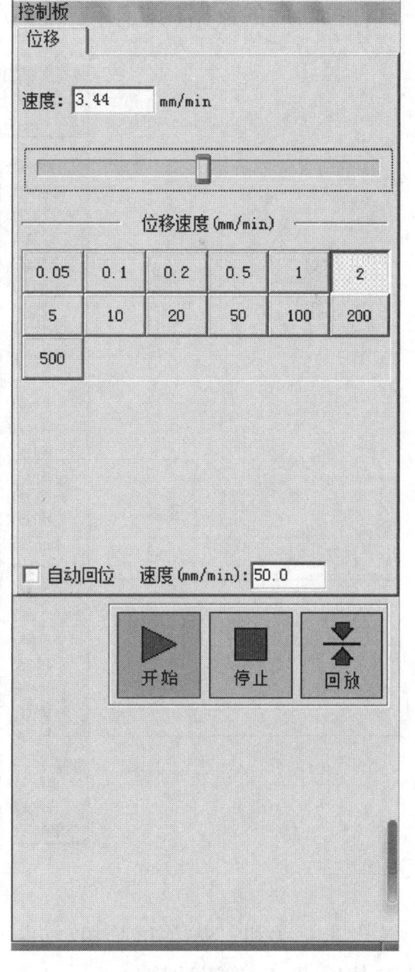

附图 1－18

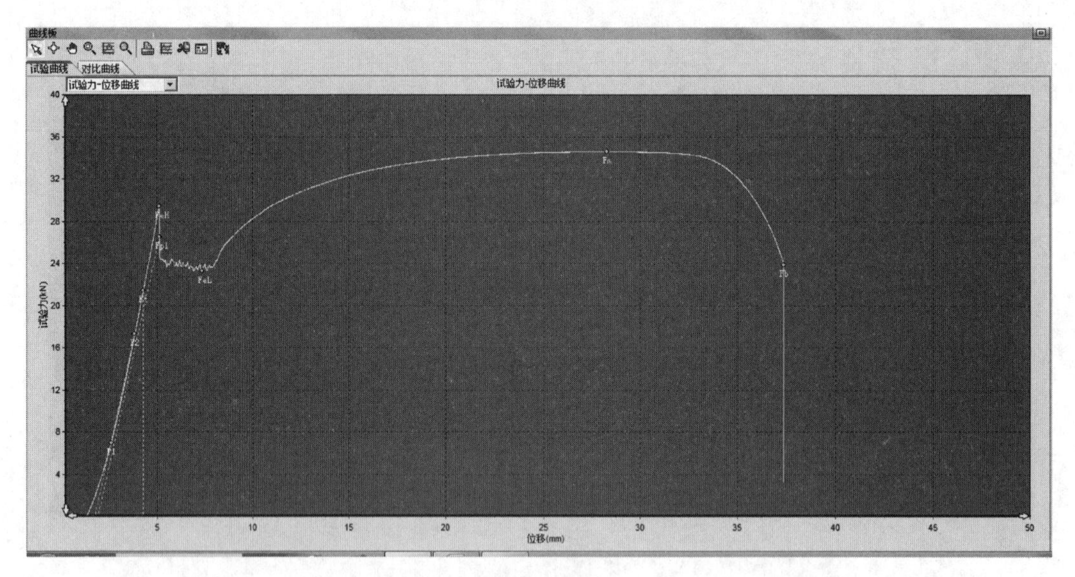

附图 1－19

试件拉断后的数据板如附图 1－20 所示。

数据板-拉伸试验(测试已完成)

记录位置/记录总数: 1/1

字段	值
试件批号	G机械第一组
试件编号	001
材质	低碳钢
规格	Q235
试验日期	2021/ 7/ 7
温度(℃)	20.0
试验人	***
试件形状	圆材
试样尺寸[直径(mm)]	10.0

字段	值	字段	值
So(mm^2)	78.54	比例系数	
Le(mm)	50.0	Lc(mm)	50.0
Lo(mm)	50.0	Lu(mm)	50.012
A(%)	0.0	At(%)	0.0
Su(mm^2)		Z(%)	
Fm(kN)	34.19	Rm(MPa)	435
FeH(kN)	26.06	ReH(MPa)	332
FeL(kN)	23.11	ReL(MPa)	294
Fp0.2(kN)		Rp0.2(MPa)	
Fp0.1(kN)		Rp0.1(MPa)	
Ft5.0(kN)		Rt5.0(MPa)	
E(GPa)	7428.77	Ae(%)	0.0
Ag(%)		Agt(%)	0.0
屈强比	0.68	强屈比	1.48
屈屈比	1.47		

字段	值
试验方法	0
自定义2	0
自定义3	0
自定义4	0

附图 1－20

第九步　关机。先关试验机(按一下红色蘑菇头按钮)，再切断试验机动力电源，然后退出测控软件，最后关闭计算机。

附录 2　TNS－J02 型数显式扭转试验机

一、构造说明(如附图 2－1、附图 2－2)

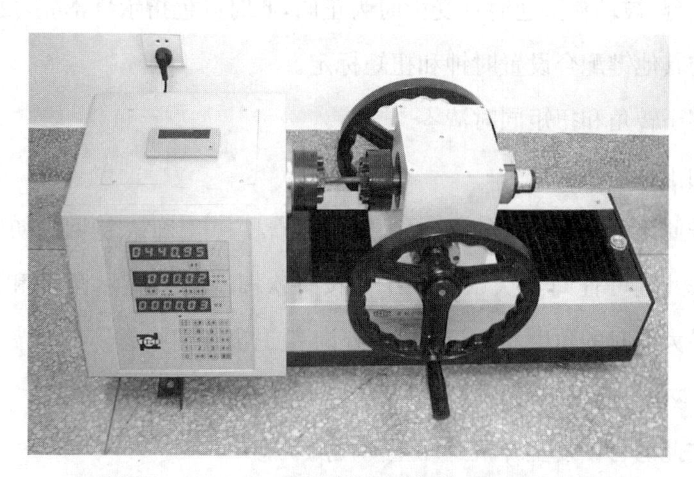

附图 2－1　TNS－J02 型数显式扭转试验机正面图

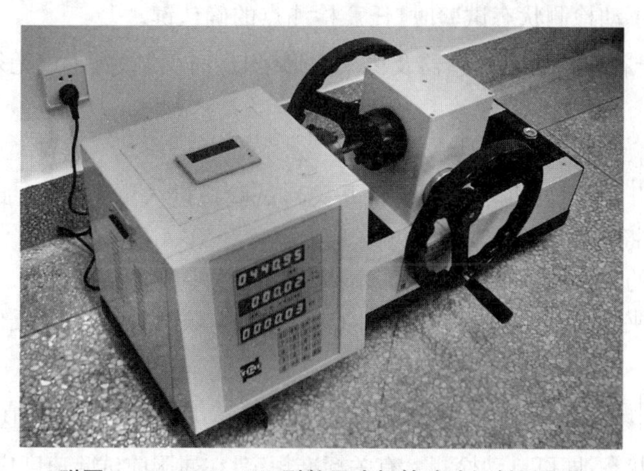

附图 2－2　TNS－J02 型数显式扭转试验机斜侧面图

二、使用与操作

1. 操作面板功能简介

转角显示窗:显示转角,单位为度。

扭矩显示窗：显示扭矩，单位为 N·m。

刚度显示窗：显示刚度，单位为度/米。

转角[清零]键：角度清零。

扭矩[清零]键：扭矩清零。

扭矩[峰值]键：按下此键，指示灯亮，试验时显示扭矩的最大值，再按此键峰值取消。

[检测]键：用于选择自动检测或手动检测。

[0]～[9]为数字键。

[正向/反向]键：被动夹头逆时针受力时为正向，此时红色指示灯不亮，反之灯亮。

[设置]键：与其他键配合设置时钟和扭矩标定。

[总清]键：用于转角和扭矩同时清零。

[打印]键：用于打印试验结果。

[时钟]键：按此键可查询当前的年、月、日、时、分、秒。按[确认]键回到初始状态。

[查询]键：按此键可查询当次试验结果。按一次[查询]键，显示角度和扭矩，再按一次[查询]键，显示最大值时的角度和扭矩，再按[查询]键退出查询状态。

[查打]键：（本机不使用该键）。

[复位]键：按此键可恢复至开机手动正向检测状态。

[确认]键：① 每种试验参数输入完毕，设置另一种试验参数时的转换键；

② 手动检测状态试验时，任意检测点的确认键。

[补偿]键：用于补偿试验时传感器及机架变形（出厂时已调好，用户无须调整）。

2. 操作

（1）自动检测。

① 打开电源开关（电器机箱上的空气开关），试验机进入测试状态，此时试验机扭矩和位移均自动清零；将机器预热 30 分钟。

② 选择合适的夹块安装在夹头上，将试样安装在两夹头间。

③ 根据被动夹头的受力方向选择旋向（被动夹头顺时针受力为反向，逆时针受力为正向）。

④ 按下[检测]键，选择手动状态，旋转手轮保持轻微加载，按下角度[清零]键清零，再按下[检测]键选择自动状态，即可自动检测。有关标准规定：在屈服前试验速度应在 6°～30°/min 范围内，屈服后试验速度应不大于 360°/min。按[总清]进行下一个测量。

注意：① 刚度显示窗显示每转动一度时扭矩的变化情况，当第一次刚度整数部分为零时，试验机将自动记录材料的屈服扭矩（扭转平台），继续试验将记录材料的最大扭矩。

② 下一次试验安装试件时，请注意不要使转角转过一度，否则试验机会记录为平台。（程序设定 20 N·m 以内不记录屈服扭矩，以免误操作造成数据处理错误）

（2）手动检测。

选择手动检测进行测试，可实时显示试验角度及扭矩，手动检测时不自动记录屈服扭矩。当按下峰值键状态时，试验过程总是保持记录整个过程的最大扭矩值。

3. 注意事项

（1）如在测量过程中扭矩显示不变化或有异常，则按复位键重新测量。

（2）当试验超过满量程时，试验力过载，显示ERROR时，请立即卸载，以免损坏传感器。

附录3　DHMMT多功能力学实验教学装置

一、装置介绍

DHMMT多功能力学实验教学装置是用于材料力学电测法实验的装置，它是将多种材料力学实验集中在一个实验台上进行，使用时稍加调整，即可进行教学大纲规定内容的多项实验。装置如附图3-1所示。该装置采用蜗杆机构以螺旋千斤方式加载，经传感器由静态应变测试分析系统测试出力的大小；各试件受力变形，通过应变片由静态应变测试分析系统显示。整机结构紧凑、加载稳定、操作省力，易于学生自己动手，还可根据需要，增设其他实验，实验数据也可由计算机处理。

DHMMT多功能力学实验教学装置主要零部件如附图3-2所示。

附图3-1　DHMMT型多功能组合实验装置

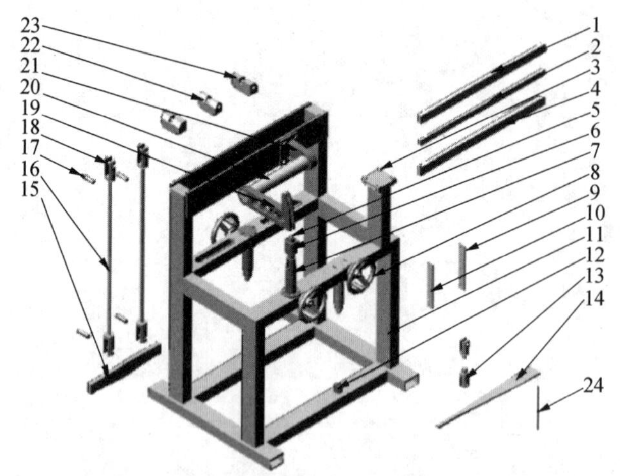

附图3-2　多功能力学实验教学装置及其附件图

1—纯弯梁；2—连续梁；3—紧固螺钉；4—叠梁；5—压头；6—拉压力传感器；7—蜗杆升降机构；8—手轮；9—偏心拉杆；10—同心拉杆；11—主体台架；12—压杆接头；13—拉伸杆接头；14—等强度梁；15—承力下梁；16—加载杆；17—销子；18—加载杆接头；19—扇形加力架；20—弯扭组合梁；21—铸铁弯扭组合梁支座；22—中间支座；23—侧支座；24—压杆。

二、主要功能

DHMMT多功能力学实验教学装置能完成的实验主要有：

1. 纯弯曲梁横截面上正应力的分布规律实验；
2. 电阻应变片灵敏度系数的测量实验；
3. 材料弹性模量 E，泊松比 μ 的测量实验；
4. 偏心拉杆和同心拉杆实验；
5. 弯扭组合实验；
6. 连续梁和叠梁实验；
7. 压杆稳定实验。

三、技术参数

1. 实验台技术参数

① 试件最大作用载荷：5 kN；
② 加载机构作用行程：60 mm；
③ 手轮加载转矩：0～20 N·m；
④ 本机重量：65 kg；
⑤ 外形尺寸(mm)：850(长)×600(宽)×1200(高)。

2. 试验梁上所粘贴的单向应变片及三向直角应变花技术指标

① 应变片阻值：120 Ω；
② 灵敏度系数 $K=2.0$。

3. 5 kN 力传感器技术指标

① 额定载荷：5 kN；
② 过载能力：120%满量程；
③ 综合精度：0.2%～0.5%满量程；
④ 灵敏度标注：×mV/V。

灵敏度的换算方法：在操作界面，选择所接力传感器通道的测量内容为桥式传感器后，桥路方式为全桥，测量量为力，单位为 N，对于本实验中的 2 V 供桥电压，假设传感器标注的灵敏度为 2 mV/V，那么输入的灵敏度系数为 2 mV/V×2 V/5 000 N=0.000 8 mV/N，计算公式为：

$$\text{灵敏度系数}\left(\frac{\text{mV}}{\text{N}}\right)=\frac{\text{力灵敏度(mV/V)}\times\text{仪器桥压(V)}}{\text{力量程(N)}}$$

接线方式：

(1) 银色传感器接线为：红线(+)、黑线(−)，信号：绿线(+)、白线(−)，接入 DH3818Y 静态应变测试仪的通道时，将所接力传感器通道的测量内容选择为桥式传感器，对应的接线为：红线接 Eg，黑线接 0，绿线接 Vi+，白线接 Vi−。

(2) 黄铜色传感器接线为：红线(+)、白线(−)，信号：黄线(+)、蓝线(−)，接入 DH3818Y 静态应变测试仪的通道时，将所接力传感器通道的测量内容选择为桥式传感器，对应的接线分别为：红线接 Eg，白线接 0，黄线接 Vi+，蓝线接 Vi−。

附录 4　DH3818Y 静态应变测试仪

一、装置介绍

DH3818Y 静态应变测试仪(简称应变仪)拥有 16 个测量通道,各个通道均可独立连接不同的桥路类型。测量时,通过液晶屏或电脑软件进行控制,实现实时控制采集分析及事后数据回收分析等功能,如附图 4-1 所示。

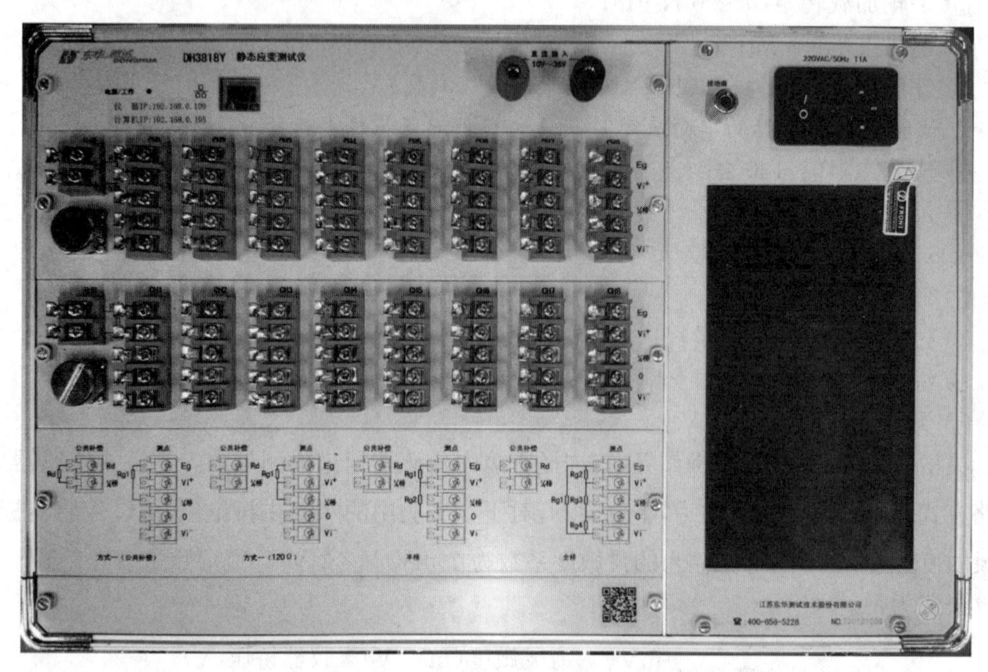

附图 4-1　DH3818Y 静态应变测试仪

二、使用方法

第一步　打开应变仪电源。

显示软件主界面(如附图 4-2)。

第二步　通道参数设置。

点击[通道参数设置]按钮进入通道参数设置界面(如附图 4-3)。

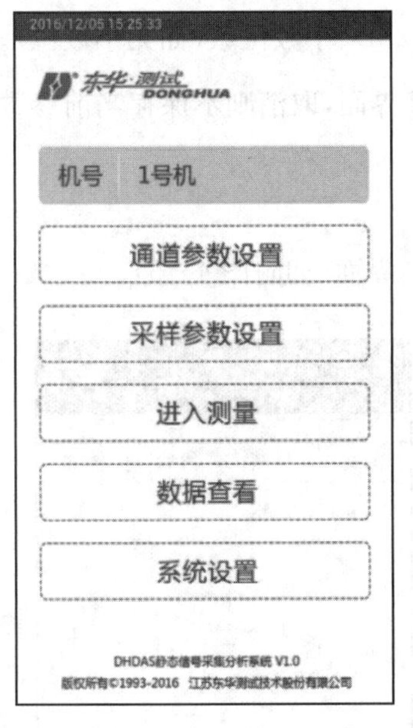

附图 4－2　主界面

附图 4－3　测量内容设定界面

1. 测量内容设置

点击[测量内容设置]按钮进入测量内容设置界面(如附图 4－4)。

附图 4－4　测量内容设定界面

(1) 首先设置通道打开或关闭,白色为开,灰色为关,蓝色为选中,当第一次进入时默认为通道全部打开。

(2) 在已打开的通道中,选中相应的通道,再点击下方的测量类型,用于对通道的测量类型进行统一设置,也可针对单独的通道进行设置,第一次开机时默认所有通道均为应变测量,实际使用时一般将 8 号和 16 号通道设置为桥式传感器,其余通道设置为应变。设置完已选通道的测量类型后,该通道将自动切换至未选中状态。

(3) [保存]用于保存当前参数修改并返回上一级界面,[取消]则不保存当前参数修改并返回上一级界面。

2. 应变参数设置

点击[应变参数设置]按钮进入应变参数设置界面(如附图 4－5)。

(1) 点击全选可默认选中所有的通道,再点击一次全选则取消全部选中,也可以单击通道单元进行单通道选中和取消选中。

(2) 当选择完通道后,再点击各参数设置模块,对已选中的通道进行相应的参数设置(在参数设置过程中已选中的通道一直处于被选中的状态,除非人为取消选择);每设置一个参数,则对应通道下的文本框将显示刚才设置的数值或状态;本实验中主要设定桥路方式如方式一(公共补偿)、片阻(如 120 Ω)、灵敏度(如 2.0)、小数位数(如无小数位)。

(3) 保存用于保存当前参数修改并返回上一级界面,取消则不保存当前参数修改并返回上一级界面。

3. 桥式传感器参数设置

点击桥式传感器设置按钮进入桥式传感器设置界面(如附图 4-6)。

附图 4-5　应变参数设置界面

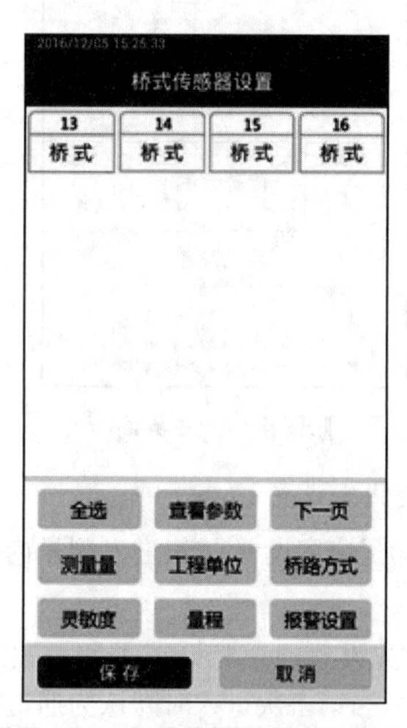

附图 4-6　桥式传感器参数设置界面

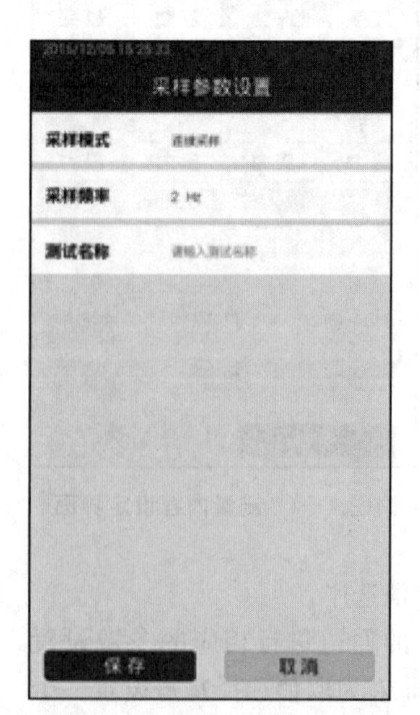

附图 4-7　采样参数设置界面

(1) 桥式传感器的桥路方式只有两种选择,即半桥和全桥,本实验中选择为全桥,测量量为力,工程单位为 N,灵敏度为 0.000 8(银色)/0.000 4(黄铜色),量程为 5 000 N。

(2) 点击保存用于保存当前参数修改并返回上一级界面,点击取消则不保存并直接返回上一级界面。

第三步　采样参数设置

点击主界面采样参数设置进入采样参数设置界面(如附图 4-7)

(1) 采样模式分为连续采样、单次采样和定时采样,本书中采用连续采样。

(2) 采样频率可选 1 Hz、2 Hz 或 5 Hz,本书中采用 5 Hz。

(3) 测试名称模块可用于输入测试文件名称,选用默认值即可。

(4) 点击保存用于保存当前参数修改并返回上一级界

面，点击取消则不保存当前参数修改并返回上一级界面。

第四步　进入测量

点击主界面进入测量进入测量界面(如附图 4－8)：

(1) 先点击全选按钮选择通道后，点击平衡，对已选中的通道进行平衡清零，若未选中通道，则点击平衡图标无效；每次点击平衡后都会跳出弹窗提示，此时点击是则对选中的通道进行平衡并返回采样界面，点击否则不平衡并关闭弹窗；每次平衡后已选择的通道还保持被选中状态。

(2) 平衡后需点击启动按钮，此时会刷新平衡结果，并进行数据采样，显示实验数据。此时若某些通道超出平衡范围，则其平衡后显示值都将为"0"，并且字体为蓝色。

(3) 每次停止采样后再次点击启动时，若没有设置新的文件名，则跳出弹窗提示，此时点击是则覆盖之前的文件，点击否则跳出新建文件名的弹窗，输入新名称后点击确认则开始采样，若点击取消则返回采样界面。

(4) 第一次开机且仪器中没有存储任何测试文件时，若没有先新建测试名，则同样跳出弹窗，提示请新建测试名。

附图 4－8　数据测量界面

三、注意事项

1. 应使用相同的电阻应变片来构成应变电桥，以使应变片具有相同的灵敏系数和温度系数。

2. 补偿片应贴在与试件相同的材料上，与测量片保持同样的温度。

3. 测量片和补偿片不能受强阳光暴晒。

4. 应变片对地绝缘电阻及导线间的电阻应在 500 MΩ 以上。

参 考 文 献

[1] 贾有权.材料力学实验[M].北京：人民教育出版社，1979.
[2] 陈绍元.材料力学实验指导[M].北京：高等教育出版社，1985.
[3] 范钦珊.工程力学实验[M].北京：高等教育出版社，2006.
[4] 邓宗白.材料力学实验与训练[M].北京：高等教育出版社，2014.
[5] 佘斌.材料力学[M].北京：机械工业出版社，2015.
[6] 杨绪普.工程力学实验[M].北京：中国铁道出版社，2018.

目　　录

实验1　拉 伸 实 验

实验日期__________　　实验成绩__________　　实验指导教师__________

一、实验目的

二、实验仪器设备

序　号	仪器设备名称	型　　号	精　度

三、实验原理

四、实验步骤

五、实验数据记录与处理

1. 试件初始尺寸

材料	直径 d_0(mm)									平均截面面积 A_0 (mm^2)
	截面Ⅰ			截面Ⅱ			截面Ⅲ			
	(1)	(2)	平均	(1)	(2)	平均	(1)	(2)	平均	
低碳钢										
铸铁										

低碳钢试件的初始标距 l_0=________mm。

2. 试件加载记录

载荷 / 材料	屈服载荷 F_s(kN)	最大载荷 F_b(kN)
低碳钢		
铸铁		

3. 低碳钢试件断后尺寸

断后标距 l_1(mm)	断口处直径 d_1(mm)			断口处截面面积 A_1(mm^2)
	(1)	(2)	平均	

4. 计算结果

力学性能 / 材料	屈服应力 σ_s (MPa)	强度极限 σ_b (MPa)	延伸率 δ	断面收缩率 ψ
低碳钢				
铸铁				

5. 试件拉伸曲线(试验力—位移曲线)

a. 低碳钢

b. 铸铁

6. 试件断后草图

a. 低碳钢

b. 铸铁

实验2　压 缩 实 验

实验日期＿＿＿＿＿＿　　实验成绩＿＿＿＿＿＿　　实验指导教师＿＿＿＿＿＿

一、实验目的

二、实验仪器设备

序　号	仪器设备名称	型　　号	精　度

三、实验原理

四、实验步骤

五、实验数据记录与处理

1. 试件初始尺寸

材　料	直径 d_0(mm)						平均截面面积 A_0 (mm^2)	高度 h(mm)
	截面Ⅰ			截面Ⅱ				
	(1)	(2)	平均	(1)	(2)	平均		
铸铁								

2. 试件加载记录

载　荷 / 材　料	最大载荷 F_b (kN)
铸铁	

3. 计算结果

材　料	抗压强度 σ_b(MPa)
铸铁	

4. 试件压缩曲线(试验力—位移曲线)

5. 试件断后草图

实验3　扭转实验

实验日期__________　　实验成绩__________　　实验指导教师__________

一、实验目的

二、实验仪器设备

序　号	仪器设备名称	型　　号	精　度

三、实验原理

四、实验步骤

五、实验数据记录与处理

1. 试件初始尺寸

材　料	直径 d_0(mm)									平均扭转截面系数 $W_p=\frac{\pi d^3}{16}$(mm³)
	截面Ⅰ			截面Ⅱ			截面Ⅲ			
	(1)	(2)	平均	(1)	(2)	平均	(1)	(2)	平均	
低碳钢										
铸铁										

2. 试件加载记录

载　荷 / 材　料	最大载荷 M_b (N·m)
低碳钢	
铸　铁	

3. 计算结果

力学性能 / 材　料	剪切强度极限 τ_b (MPa)
低碳钢	
铸　铁	

4. 试件断后草图

a. 低碳钢

b. 铸铁

实验 4　矩形截面梁纯弯曲正应力测量实验

实验日期__________　　实验成绩__________　　实验指导教师__________

一、实验目的

二、实验仪器设备

序　号	仪器设备名称	型　　号	精　度

三、实验原理

贴片梁的受力图

四、实验步骤

五、实验数据记录与处理

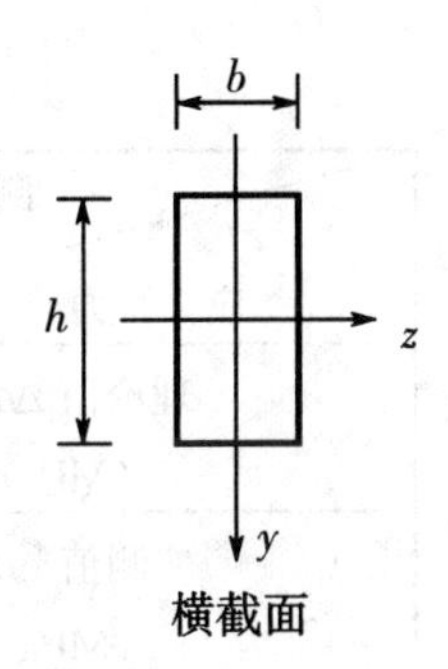

横截面

1. 试件初始尺寸

截面高度 $h=$________mm

截面宽度 $b=$________mm

$a=$________mm

2. 电阻应变片沿试件截面高度的贴片位置

片 1：$y_1=$________mm

片 2：$y_2=$________mm

片 3：$y_3=$________mm

片 4：$y_4=$________mm

片 5：$y_5=$________mm

3. 试件的材料常数

试件材料：________　　弹性模量 $E=$________GPa=________MPa

4. 试件加载记录及处理

载荷 F_i(N)	测点应变　（数量级：10^{-6}）									
	测点 1		测点 2		测点 3		测点 4		测点 5	
	读数 ε_{1i}	增量 $\Delta\varepsilon_{1i}$	读数 ε_{2i}	增量 $\Delta\varepsilon_{2i}$	读数 ε_{3i}	增量 $\Delta\varepsilon_{3i}$	读数 ε_{4i}	增量 $\Delta\varepsilon_{4i}$	读数 ε_{5i}	增量 $\Delta\varepsilon_{5i}$
$F_0=500$ N										
$F_1=1\ 000$ N										
$F_2=1\ 500$ N										
$F_3=2\ 000$ N										
$F_4=2\ 500$ N										

各测点 j 的平均应变增量 $\overline{\Delta\varepsilon_j}=\frac{1}{4}\sum_{i=1}^{4}\Delta\varepsilon_{ji}$

$\overline{\Delta\varepsilon_j}$（数量级：$10^{-6}$）	$\overline{\Delta\varepsilon_1}$	$\overline{\Delta\varepsilon_2}$	$\overline{\Delta\varepsilon_3}$	$\overline{\Delta\varepsilon_4}$	$\overline{\Delta\varepsilon_5}$

载荷增量 $\Delta F=F_i-F_{i-1}=$________N

弯矩增量 $\Delta M=\frac{1}{2}\Delta F\cdot a=$________$\times10^3$ N·mm

$I_z=\frac{bh^3}{12}=$________mm^4

5. 计算结果及分析

$$\Delta\sigma_{理j}=\frac{\Delta M\cdot y_j}{I_z}\qquad \Delta\sigma_{实j}=E\cdot\overline{\Delta\varepsilon_j}$$

应力 \ 测点 j	1	2	3	4	5
理论值 $\Delta\sigma_{理j}$（MPa）					
实测值 $\Delta\sigma_{实j}$（MPa）					
相对误差 $\frac{\Delta\sigma_{实j}-\Delta\sigma_{理j}}{\Delta\sigma_{理}}\times100\%$					

6. 纯弯曲梁横截面上的应力分布图

（理论分布用虚线表示，实测分布用实线表示）

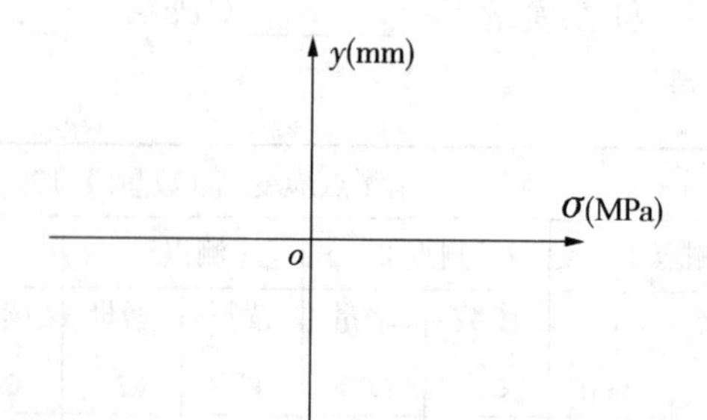

实验5　薄壁圆筒弯扭组合变形时主应力测量实验

实验日期__________　实验成绩__________　实验指导教师__________

一、实验目的

二、实验仪器设备

序　号	仪器设备名称	型　　号	精　度

三、实验原理

四、实验步骤

五、实验数据记录与处理

1. 试件的材料及尺寸参数

试件材料：______；弹性模量 $E=$______GPa；泊松比 $\nu=$______；

外径 $D=$______mm；内径 $d=$______mm；长度 $L_1=$______mm，长度 $L_2=$______mm。

2. 试件加载记录及处理

表 5－1　*A*、*B* 各点的读数应变

载荷(N)	测点应变（数量级：10^{-6}）											
	A 点						*B* 点					
	$-45°$		$0°$		$45°$		$-45°$		$0°$		$45°$	
F	读数 ε_{1i}	增量 $\Delta\varepsilon_{1i}$	读数 ε_{2i}	增量 $\Delta\varepsilon_{2i}$	读数 ε_{3i}	增量 $\Delta\varepsilon_{3i}$	读数 ε_{4i}	增量 $\Delta\varepsilon_{4i}$	读数 ε_{5i}	增量 $\Delta\varepsilon_{5i}$	读数 ε_{6i}	增量 $\Delta\varepsilon_{6i}$
$F_0=100$ N												
$F_1=200$ N												
$F_2=300$ N												
$F_3=400$ N												
$F_4=500$ N												
ε_d 增量均值($\mu\varepsilon$)												

3. 组合变形应力计算过程

载荷增量$\Delta F = F_i - F_{i-1} =$______N

$$A = \frac{\pi(D^2 - d^2)}{4} = \_\_\_\_\_\_ \text{mm}^2$$

弯矩增量$\Delta M = \Delta F \cdot L_2 =$______N·mm

$$W_Z = \frac{\pi D^3\left[1-\left(\frac{d}{D}\right)^4\right]}{32} = \_\_\_\_\_\_ \text{mm}^3$$

扭矩增量$\Delta T = \Delta F \cdot L_1 =$______N·mm

$$W_P = \frac{\pi D^3\left[1-\left(\frac{d}{D}\right)^4\right]}{16} = \_\_\_\_\_\_ \text{mm}^3$$

A 点：弯曲正应力 $\sigma_W = \dfrac{\Delta M}{W_z} =$______MPa，扭转切应力 $\tau_T = \dfrac{\Delta T}{W_P} =$______MPa

B 点：扭转切应力 $\tau_T = \dfrac{\Delta T}{W_P} =$______MPa，弯曲切应力 $\tau_{FS} = \dfrac{4}{3}\dfrac{\Delta F}{A} =$______MPa

4. 计算结果

表 5－2　*A*、*B* 点的主应力及其方向

实验点 / 实验参数	实验值		理论值	
	A 点	*B* 点	*A* 点	*B* 点
σ_1(MPa)				
σ_2(MPa)				
σ_3(MPa)				
α_0(°)				

实验6　同心拉杆弹性模量测量实验

实验日期__________　　实验成绩__________　　实验指导教师__________

一、实验目的

二、实验仪器设备

序　号	仪器设备名称	型　　号	精　度

三、实验原理

四、实验步骤

五、实验数据记录与处理

1. 试件的材料常数

试件材料：________；弹性模量 $E_{理}$=________GPa。

偏心拉杆横截面宽度 b：________mm；偏心拉杆横截面厚度 h：________mm。

2. 试件加载记录及处理

表 6-1 实验数据记录

载荷 F_i(N)	测点应变 （数量级：10^{-6}）	
F	读数 ε_i	增量 $\Delta\varepsilon_i$
F_0=500 N		
F_1=1 000 N		
F_2=1 500 N		
F_3=2 000 N		
F_4=2 500 N		

3. 计算结果

测点的平均应变增量 $\overline{\Delta\varepsilon}=\frac{1}{4}\sum_{i=1}^{4}\Delta\varepsilon=$________

载荷增量 $\Delta F=F_i-F_{i-1}=$________N

横截面积 $A=bh=$________mm^2

表 6-2 实验计算结果

实验数据 / 实验参数	实验值
实验弹性模量 $E_{实}=\frac{\Delta\sigma_{实}}{\overline{\Delta\varepsilon}}=\frac{\Delta F}{A\ \overline{\Delta\varepsilon}}$（单位：GPa）	
弹性模量误差 $=\frac{E_{实}-E_{理}}{E_{理}}\times100\%$	

实验7　偏心拉杆内力分量和偏心距测量实验

实验日期__________　　实验成绩__________　　实验指导教师__________

一、实验目的

序　号	仪器设备名称	型　　号	精　度

三、实验原理

四、实验步骤

五、实验数据记录与处理

1. 试件的材料常数

试件材料：________；弹性模量 E：________GPa。

偏心拉杆横截面宽度 b：________mm；偏心拉杆横截面厚度 h：________mm。

偏心距理论参考值 $e_{理}$：________mm。

2. 试件加载记录及处理

表 7－1　实验数据读数

载荷 F_i (N)	各测点 j 应变 ε_{ji}　(数量级：10^{-6})			
	测点 1 (远离偏心一侧端面应变片)		测点 5 (靠近偏心一侧端面应变片)	
F	读数 ε_{1i}	增量 $\Delta\varepsilon_{1i}$	读数 ε_{5i}	增量 $\Delta\varepsilon_{5i}$
$F_0=500$ N				
$F_1=1\ 000$ N				
$F_2=1\ 500$ N				
$F_3=2\ 000$ N				
$F_4=2\ 500$ N				

3. 计算结果及分析

各测点 j 的平均应变增量 $\overline{\Delta\varepsilon_j}=\dfrac{1}{4}\sum\limits_{i=1}^{4}\Delta\varepsilon_{ji}$

$\overline{\Delta\varepsilon_j}$(数量级：$10^{-6}$)	$\overline{\Delta\varepsilon_1}$	$\overline{\Delta\varepsilon_5}$

载荷增量 $\Delta F=F_i-F_{i-1}=$________N

拉伸应变 $\overline{\Delta\varepsilon_F}=\dfrac{\overline{\Delta\varepsilon_1}+\overline{\Delta\varepsilon_5}}{2}=$________

截面面积 $A=bh=$________mm^2

弯曲应变绝对值 $|\overline{\Delta\varepsilon_M}|=\dfrac{\overline{\Delta\varepsilon_5}-\overline{\Delta\varepsilon_1}}{2}=$________

弯曲截面系数 $W_z=\dfrac{b^2h}{6}=$________ mm^3

表 7-2　实验计算数据

实验参数 \ 实验数据	实　验　值
拉伸应力 $\overline{\Delta\sigma_F}=E\ \overline{\Delta\varepsilon_F}$(单位:MPa)	
拉伸内力 $\overline{\Delta F}=A\ \overline{\Delta\sigma_F}=AE\ \overline{\Delta\varepsilon_F}$(单位:N)	
弯曲应力 $\|\overline{\Delta\sigma_M}\|=E\|\overline{\Delta\varepsilon_M}\|$(单位:MPa)	
弯曲内力 $\overline{\Delta M}=W_z\|\overline{\Delta\sigma_M}\|=W_zE\|\overline{\Delta\varepsilon_M}\|$(单位:N・mm)	
偏心距 $e_{实}=\dfrac{\overline{\Delta M}}{\overline{\Delta F}}=\dfrac{W_zE\|\overline{\Delta\varepsilon_M}\|}{\overline{\Delta F}}$(单位:mm)	
偏心距误差 $=\dfrac{e_{实}-e_{理}}{e_{理}}\times100\%$	